動物界の変遷　　植物界の変遷

		（千万年前）		
新生代	第四紀			哺乳類の時代 ／ 被子植物の時代
	新第三紀		人類の出現	
	古第三紀	5		
中生代	白亜紀	10	生物の大量絶滅	爬虫類の時代
	ジュラ紀	15		
	三畳紀（トリアス紀）	20	パンゲアの分裂 恐竜の出現	
古生代	ペルム紀（二畳紀）	25	生物の大量絶滅 超大陸パンゲアの出現	両生類の時代 ／ シダ植物の時代
	石炭紀	30	シダ植物の繁栄	
	デボン紀	35	脊椎動物の陸上進出	魚類の時代
	シルル紀	40		コケ植物の時代
	オルドビス紀	45	植物の陸上進出	無脊椎動物の時代 ／ 藻類の時代
	カンブリア紀	50	脊椎（せきつい）動物の出現 爆発的な生物の多様化	

動物界の変遷：節足動物、魚類、両生類、爬虫類、鳥類、哺乳類

植物界の変遷：シダ植物、裸子植物、被子植物

Z-KAI

ハイスコア！
共通テスト攻略
地学基礎

改訂版

Ｚ会編集部 編

HIGH SCORE

はじめに

　共通テストは，大学入学を志願する多くの受験生にとって最初の関門である。教科書を中心とする基礎的な学習の到達度を判定する試験だが，必須科目が多いため，受験生の負担は軽くない。また，共通テスト対策には，教科書の復習や，過去問での問題演習が欠かせないが，それだけでは効率よく高得点をねらうことはできない。だが，心配することはない。共通テストには，科目ごとに**「出題のツボ」**がある。

　「ハイスコア！共通テスト攻略　地学基礎」では，この「出題のツボ」や受験生の弱点をふまえて，**正解を導くために必要な知識や手順**をわかりやすく示している。

　本書は，**「これ１冊で楽しく学習して高得点」**をコンセプトとして作成した。地学基礎の選択者の多くは文科系志望なので，理科が苦手な人や，地学基礎を履修していない人でも，短期間で学習できるように配慮した。また，暗記に頼るのではなく，背景を理解しながら学習が進められるようにした。すべての教科書を見て編集しているので，**この本だけで共通テスト対策は十分**である。

　本書で取り上げた問題の多くは，共通テストやセンター試験の過去問である。問題は「地学基礎」の内容に合ったものを選び，分野別に学習できるように構成した。過去問で演習しながら，関連した**応用力を養う解説**をつけてあるので，問題を解くだけでなく，解説を見て応用力をつけてもらいたい。

　地学は，地球の未来を担う者に必要な学問の一つと言える。受験書としてだけでなく，地学の教養書として，本書を役立ててもらえれば幸いである。

Ｚ会編集部

目次

本書の構成と使い方

本書では，次の**3ステップ**で，共通テスト9割の得点を目指します。

1 POINT で重要事項をチェック

図や表を多く使って，必要となる基本知識を整理してあります。

本文中や**赤シート**CHECKでは，付属の赤シートを利用して，内容が身についているかを確認できます。

2 標準マスター を解く

共通テストで7割を獲得するためにマスターすべき問題です。

3 実戦クリアー を解く

共通テストで9割を獲得するためにクリアーすべき問題です。

解答は別冊に掲載しています。「答え合わせをして終わり」ではなく，解説をしっかり読み，理解を深めましょう。

・どの章からでも学習できます。冒頭の単元から順番に取り組む必要はありません。

・本書で取り上げた問題の多くは，共通テストやセンター試験の過去問です。

　過去問の一部は改題しています。

地学とは？

　「物理」，「化学」，「生物」は，第二次世界大戦以前から，中学校・高等学校・大学などで教えられてきました。一方，「地学」は，戦後，新しくできた科目です。

　かつては，地学分野のうち，天文や気象・海洋，地震などは，物理の中で扱われていました。そして，地質学や岩石・鉱物学は「博物」とよばれる科目で扱われていました。戦後になって，物理や博物から分離した内容をまとめて「地学」という科目が生まれました。初めは寄せ集めのような科目でしたが，現在では地学は完全に独立し，まとまった科目に成長したといえます。

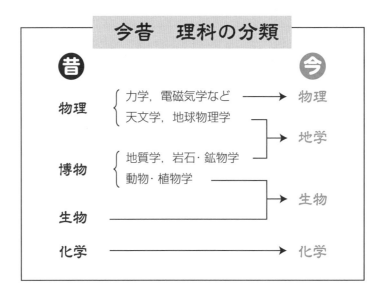

　地学基礎の教科書には，宇宙誕生から現在にいたるまでの歴史を俯瞰的（ふかんてき）にとらえたうえで，自分（人間）の立ち位置を考えてほしい，というメッセージが込められています。宇宙や地球の歴史に思いを馳（は）せ，地球の未来について考えることは，地学を学ぶ醍醐味（だいごみ）といえるでしょう。

「地球は丸い」は，いつわかったか？

　「地球が丸い」ことが一般に信じられるようになったのは，15世紀になってからです。現在当たり前のように思っていることですが，受け入れられるようになったのは，比較的最近のことなのです。

　しかし，地球が丸いことを科学的に説明した人は，紀元前にもいました。ギリシャのアリストテレスは，紀元前330年頃，月食のときに見える地球の影が円形であることや，同じ星の高度が見る場所によって異なることから，地球が丸いと知ったのです。また，船が陸地に近づくときにてっぺんから山が見え始めることも，地球が丸い証拠とされました。

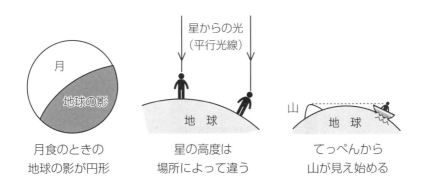

| 月食のときの
地球の影が円形 | 星の高度は
場所によって違う | てっぺんから
山が見え始める |

　紀元前230年頃，ギリシャのエラトステネスは，地球が丸いと仮定し，南北方向に離れた2地点の距離と太陽高度の違いから，地球の大きさを推定しました。この後，地球の大きさが三角測量を用いて計測・推定されたのは17世紀になってからです。つまり，エラトステネス以後，2000年近く，地球の形や大きさについての学問はあまり進展をとげなかったともいえます。

■地表のようす

　地球の表面には様々な地形による凹凸があり，地表の約 <u>30</u> % は陸，約 <u>70</u> % は海である。

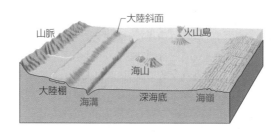

　地表の高度分布には2つのピークがある。これは大陸と海洋底を構成する岩石が異なるためで，金星や火星には見られない特徴である。この2種類の岩石の形成はプレートテクトニクスで説明されるため，2つのピークはプレートの運動によるものといえる。

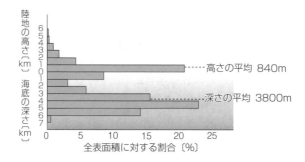

■地球の大きさ

　最初に地球の大きさを測定したエラトステネスは「地球は丸い」「太陽は遠くにあって太陽光は平行光線とみなせる」という2つの仮定のもと，太陽高度の測定から2点間の緯度の差（角度 θ）を求め，2点間の距離 l を測定して，地球の大きさ（全周）を求めた。

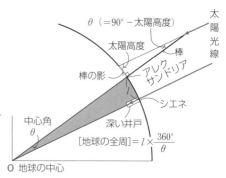

■地球の形

17世紀に各地で緯度差1°あたりの南北間の弧の長さ(距離)が測定された結果,高緯度ほど距離が長いことがわかり,地球は完全な球ではなく,赤道方向に膨れた**回転楕円体**(楕円を軸のまわりに回転してできる立体)であることが確かめられた。これは地球の自転によって,地軸に垂直に遠心力がはたらくためである(粘土球の中心を通るよう縦に棒を通して回転させると球が横に膨らむことを考えるとイメージしやすいだろう)。地球に最も近い回転楕円体が<u>地球楕円体</u>であり,楕円体のつぶれ具合は<u>偏平率</u>で表される。

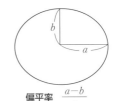

偏平率 $\dfrac{a-b}{a}$

地球の場合,a は約6400km,偏平率は $\dfrac{1}{298}$

■地殻

原始地球では,表面がマグマに覆われていた時代があった。その後,地球の表面が次第に冷却されて原始地殻ができたが,その厚さは場所によって大きな違いはなく,岩質は**玄武岩質**に近かったと考えられている。

海洋が誕生すると,堆積岩ができ始めた。また,プレートが動き始めると造山運動が生じ,花こう岩質マグマの発生によって造山帯の内部に花こう岩質の岩石が形成された。大陸は造山運動によってできるので,大陸の内部には必ず<u>花こう岩質</u>の岩石があり,玄武岩質の岩石を覆うように存在している。この**花こう岩質の岩石の厚さの分だけ,大陸地殻は厚い**。海洋地殻では造山運動が起こっていないので,原始地殻に近い岩質をしていると考えられている。

なお,「花こう岩質」,「玄武岩質」というのは,化学組成がそれぞれ花こう岩,玄武岩と似ていることを示す用語である。

大陸地殻

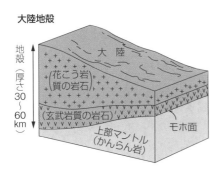

海洋地殻

　地球が丸いことは，紀元前から一部の人には知られていた。エラトステネスは，地球は球形であると仮定し，南北に離れた二つの都市で夏至の日の正午に観測される太陽の　ア　の差と両都市間の　イ　を用いて地球全周の長さを求めた。

問1　上の文章中の空欄　ア　・　イ　に入れる語の組合せとして最も適当なものを，次の①～④のうちから一つ選べ。

	ア	イ
①	大きさ	標高差
②	大きさ	距　離
③	高　度	標高差
④	高　度	距　離

問2　地球の形状に関する文として最も適当なものを，次の①～④のうちから一つ選べ。

① 緯度差1°あたりの子午線の弧の長さは，赤道よりも極の方が短い。

② 地球は回転楕円体であるため，太陽の南中高度が季節によって変化する。

③ 海洋の平均水深は，約2000 m である。

④ 赤道半径は，極半径よりも長い。

問3　同じ子午線上にある2地点 **X**・**Y** において，北極星が地点 **X** では高度32°に，地点 **Y** では高度41°に見えた。この2地点間の距離は約何 km か。その数値として最も適当なものを，次の①～④のうちから一つ選べ。

① 1000 km　　② 2000 km　　③ 3000 km　　④ 4000 km

解説 •

問1 正解 ④

　エラトステネスは，アレクサンドリアと，そのほぼ真南にあるシエネの2地点の緯度の差 θ と**距離** l を用いて地球の全周を求めた（**POINT** の図参照）。緯度の差 θ を求めるには，太陽の**高度**の差を求めればよい。シエネでは夏至の日の正午に太陽が真上にくるため，深い井戸の底に太陽光が達し，南中高度が 90° になる。夏至の正午にアレクサンドリアで南中高度 ϕ を測定し，2地点の太陽の高度の差 $90°-\phi$ を計算すると，これが2地点の緯度の差 θ に等しい。この θ を用いると，[地球の全周] $=l\times\dfrac{360°}{\theta}$ である。

問2 正解 ④

① 地球の断面は横に膨れた楕円なので，赤道に接する円よりも極に接する円の方が大きい。すなわち1°あたりの弧は極の方が長い。なお，子午線は北極点と南極点を結ぶ南北方向の地球表面に沿った線である。

② 太陽の南中高度が季節によって変化するのは，地軸が地球の公転面に対して垂直でないためである。

③ 海洋の平均水深は約 3800 m である。

④ 地球は**赤道方向に膨れた**回転楕円体であるので，赤道半径の方が長い。

問3 正解 ①

　北極星の高度は緯度に等しく，高度差は緯度差を表すので，地点 **X**，**Y** の緯度差は 9°（$=41°-32°$）である。地点 **X**，**Y** の距離を求めるには，地球の全周約 40000 km，地球の半径約 6400 km のいずれかを用いる。地球の全周を用いる場合は，**問1**の解説の式を用いる。$\theta=9°$，全周 40000 km を代入すると $l=1000$ km になる。地球の半径を用いる場合は，[全周]$=2\pi\times$[半径] から全周を求めたうえで，**問1**の解説の式を用いる。

赤シートCHECK

☑ 地球の形は回転楕円体。**地球楕円体**は，地球に最も近い回転楕円体。

☑ 地表の約 **70** % は海洋。

☑ 海洋地殻は主に**玄武岩質**の岩石でできている。大陸地殻は**花こう岩質**の岩石が多く，**玄武岩質**の岩石を覆うように存在している。

1-2 地球の内部構造

■地殻・マントル・核

　地球内部は，**物質の違い**によって，外側から順に，**地殻**，**マントル**，**核**に分かれた層構造をしている。これは，原始地球の時代に，密度の大きい物質は中心部に，密度の小さい物質は表層部に移動したためである。

　地殻の厚さは，大陸で 30〜60 km，海洋で 5〜10 km である。地殻とマントルの境界面を<u>モホロビチッチ不連続面</u>（モホ不連続面，またはモホ面）という。マントルは深さ約 660 km で物質の結晶構造が変化して密度が大きく変化すると考えられており，これより上を**上部マントル**，下を**下部マントル**という。

　深さ 2900 km より内部を核という。核はさらに，液体の<u>外核</u>と固体の<u>内核</u>に分けられる。外核と内核は，物質ではなく，**状態（液体と固体）の違い**による分類である。

　地球の内部は，深くなるにつれて密度・圧力・温度が大きくなる。地下の温度は，深さ 30 km までの地殻内では 100 m につき約 3 ℃ の割合で上昇する。核の中心温度は 5000 ℃ 程度である。

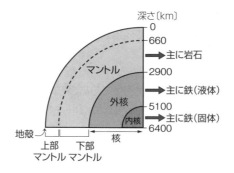

■リソスフェアとアセノスフェア

　深さ 100 km をこえた辺りから，地震波の速度が少し遅くなるところがある。これより下の厚さ 100〜200 km の部分は高温で流動しやすいやわらかい岩石の層と考えられており，<u>アセノスフェア</u>という。アセノスフェアより上部の<u>リソスフェア</u>は，マントル最上部と地殻を含む硬い岩石の層であり，ここが**プレート**に対応する。

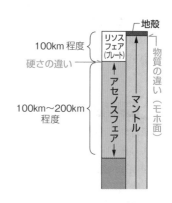

リソスフェアとプレートは同じ部分のことだが，地球の層構造ではリソスフェア，動く岩盤という意味ではプレートとよぶことが多い。リソスフェアとアセノスフェアは，物質（岩質）の違いではなく，**硬さ（流動しやすさ）の違い**による分類である。

■地球の構成物質

地球の構成物質は**隕石**の構成物質などから推測されている。これは，地球や隕石は起源が同じ（太陽系の起源とみなせる），という考えに基づいている。

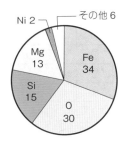

地球全体の化学組成（質量%）

■地殻・マントル・核の構成物質

地殻では半分以上が SiO_2 であり，次いで Al_2O_3 が多い。このため，地殻を構成する主な元素は，O，Si，Al などである。

マントルは地殻よりも密度が大きい岩石からなり，**上部マントル**は<u>かんらん岩</u>（かんらん石を多く含む岩石）からなる。

核は，隕石中には多く含まれているが，地殻やマントルにはあまり含まれていない **Fe** が主成分で，Ni を少し含む。また，核は，岩石中に多く含まれる Si や O をほとんど含まない。

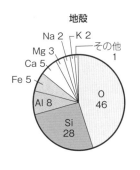

地殻

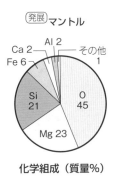

発展 マントル

化学組成（質量%）

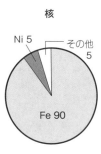

核

地球の内核・外核・上部マントルは，主にどのような物質で構成されているか。次の物質 a～d の組合せとして最も適当なものを，下の①～④のうちから一つ選べ。

a　固体の鉄・ニッケル　　b　液体の鉄・ニッケル
c　かんらん岩　　　　　　d　斑れい岩

	内　核	外　核	上部マントル
①	a	b	c
②	a	b	d
③	b	a	c
④	b	a	d

正解　①

　地球の核の化学組成は，主に隕石（鉄隕石）の化学組成などから推測されている。隕石中には多量に鉄が含まれているが，地殻やマントル中にはそれほど鉄は含まれていない。重い鉄は，**地球の中心部（核）に集まっている**ためである。

　外核は，**液体**であると考えられている。一方，**内核**は，**固体**であると推測されている。内核が固体なのは，圧力が高いと融点が高くなるためである。内核は外核よりも圧力が高く，融点も高いため，高温でも金属が融けない。

　上部マントルは，**かんらん岩**（かんらん石を主成分とする岩石）からなる。

　大陸地殻および海洋地殻の平均的な厚さの組合せとして正しいものを，次の①〜⑥のうちから一つ選べ。

	大陸地殻	海洋地殻
①	約 10 km	約 40 km
②	約 10 km	約 100 km
③	約 40 km	約 10 km
④	約 40 km	約 100 km
⑤	約 100 km	約 10 km
⑥	約 100 km	約 40 km

 ・・・・・・・・・・・・・・・・・・・・・・・・・・・・・・・

[正解]　③

　海に浮かぶ氷山は，海面上に出ている部分の体積が大きいほど，海面下の部分の体積も大きい。地殻を氷山に，マントルを海水に当てはめて考えると，地殻はマントルの上に浮かんでいると考えることができる。海洋地殻よりも標高の高い大陸地殻は深さもあり，海洋地殻よりも厚い。一般に，**大陸地殻の厚さは約 30〜60 km** 程度（選択肢では約 40 km を選べばよい）で，**海洋地殻の厚さは約 5〜10 km** 程度（選択肢では約 10 km を選べばよい）である。

赤シートCHECK

☑地殻とマントルの境界面を<u>モホロビチッチ不連続面</u>という。

☑深さ 2900 km より内部を<u>核</u>という。核はさらに，液体の<u>外核</u>と固体の<u>内核</u>（5100 km 以深）に分けられる。

☑地殻とマントル最上部からなる硬い岩石の層を<u>リソスフェア</u>またはプレートという。リソスフェアの下の流動性の高い部分を<u>アセノスフェア</u>という。

☑地殻は<u>花こう岩質</u>の岩石や<u>玄武岩質</u>の岩石，上部マントルは<u>かんらん岩</u>からなり，構成元素が少し異なる。核は，<u>鉄</u>が主成分である。

1-3 プレート

■プレートの分布

地球表面は1枚のひとつながりの面ではなく，大小十数枚の**プレート**に分かれている。プレートの実態はリソスフェアで，やわらかいアセノスフェアの上を動いている。プレートには，海洋底を構成する**海洋プレート**と，大陸を構成する**大陸プレート**がある。海洋プレートは，海嶺付近で最も薄く，その厚さは約10 kmであるが，海嶺から離れるほど厚くなり，最も厚いところでは150 km程度である。大陸プレートは海洋プレートより厚く，100 km以上ある。

プレートの運動をもとに地震・火山・大地形の形成などを説明する考え方を<u>プレートテクトニクス</u>という。

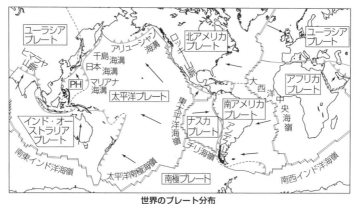

世界のプレート分布

アフリカプレートを不動としたときのプレートの動きを矢印で示してある。

- 収束する境界（三角の方向に沈み込み）
- すれ違う境界
- 不明瞭なプレート境界
- 海嶺
- PH フィリピン海プレート

■プレートの境界

プレートどうしの境界には次の3通りがある。

① 互いに離れて拡大する境界（発散境界）

② 互いに近づいて収束する境界

右図のような沈み込む境界（海溝）のほかに，大山脈を形成するような衝突する境界がある。

③ すれ違う境界（トランスフォーム断層）

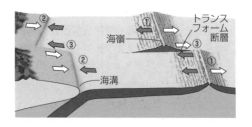

通常，プレートとプレートの境界は，互いに近づくか，離れるか，すれ違うかのいずれかになる。このとき，プレートの相対運動により，境界付近ではプレートに歪みが生じる。この歪みが解消される際に**地震**が発生するため，地震の分布からプレートの境界がわかる。

海洋プレートと大陸プレートがぶつかる境界では，海洋プレートが大陸プレートの下に沈み込むため，大陸プレートが引きずり込まれて溝状の地形ができる。これが**海溝**である。大陸プレートどうしが衝突している境界では，プレートが沈み込むことができず，大山脈が形成されることが多い。**ヒマラヤ山脈**はこの代表例である。

プレートが離れる境界では，地下からわき上がってきたマグマが固まることで，プレートが形成される。海底では**海嶺**(または**中央海嶺**)，陸上では**地溝帯**(陸地が引き裂かれた裂け目。リフト帯ともいう)ができる。

プレートがすれ違う境界では，横ずれ断層ができる。これを<u>トランスフォーム断層</u>といい，北アメリカ西岸カリフォルニアの**サンアンドレアス断層**は，この代表例である。

■日本付近のプレート

日本付近の海溝は，いずれも互いに近づく(沈み込む)プレートの境界で，太平洋プレートが北アメリカ(北米)プレートやフィリピン海プレートの下に沈み込んでいる。また，フィリピン海プレートは，北アメリカプレートやユーラシアプレートの下に沈み込んでいる。図のトラフとは，海溝ほど深くはないが，船底型をした海底地形のことである。**海溝やトラフの内側**(陸側)では，**周期的に大地震**が起こっている。ユーラシアプレートと北アメリカプレートの境界は不明瞭なため，図では破線で

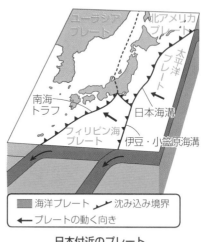

日本付近のプレート

表しているが，大地震が日本海で起こることから，これらのプレートの境界は日本海にあると推測されており，比較的新しくできたプレート境界と考えられている。

■プレートの運動

　海嶺では，離れるプレートの間を埋めるように上昇したマグマが冷却されることでプレートが形成され，海嶺の両側へと移動する。移動とともにプレートの下のアセノスフェアが冷えるため，プレートが厚くなる。このため，**海嶺から遠いほど，プレートは厚くなり，その重みでプレートが沈み，海は深くなる。**

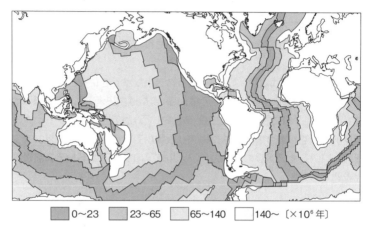

　　　■ 0〜23　　■ 23〜65　　■ 65〜140　　□ 140〜〔×10⁶ 年〕

海洋底の岩石の年代　海洋底の岩石は，海嶺から離れるにつれて古くなる。

　地表で見られるプレート運動は，大規模な**マントル対流**の一部である。マントルは固体の岩石からできているが，高温の核によって温められて密度が小さくなった部分が上昇し，長い時間をかけて流動している。円筒状のマントルの上昇流は**プルーム**とよばれる。ホットスポットの下にはプルームが存在し，火山を継続的につくり出している。

　ホットスポット上でできた火山島は，プレートの移動とともにホットスポットからずれ，やがて火山活動が止まるが，ホットスポット上には新たな**火山島**が誕生する。**海山**はかつての火山島が沈んだものである。

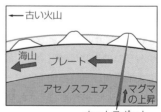

標準マスター

海底をつくる岩石の年代について説明した文として最も適当なものを，次の①～④のうちから一つ選べ。

① 海洋地殻の年代はどこでも 100 万年前より新しい。
② 海洋地殻の年代は大陸に近づくにつれて新しくなる。
③ 海洋地殻の年代は海嶺から離れるにつれて古くなる。
④ 海洋地殻の年代が古くなるほど水深が浅くなる。

解説 •

正解 ③

① 海洋地殻の年代で最も古いものは中生代中期(約 2 億年前)のもので，これより古い海洋地殻はマントルに沈み込んでしまったと考えられる。

②・③ プレートは海嶺で誕生するので，海嶺付近の地殻が一番新しい。海嶺でできた地殻は次第に海嶺から遠ざかるため，**海嶺から遠い地殻ほど古い。**

④ 海洋プレートは，その下のアセノスフェアを冷やしながら移動し，冷えたアセノスフェアは硬くなり，リソスフェアに変質する。このため，プレート(リソスフェア)は次第に厚く，重くなる。これによってプレートは徐々に沈むので，水深が深くなる。したがって，海嶺から離れた，年代の古い海洋地殻のところほど，水深が深い。最終的に，海洋プレートは，他のプレートとぶつかるところで，重い方のプレートが自らの重みで他方のプレートの下に沈み込む。

地球表面は十数枚のプレートで覆われていて，個々のプレートはそれぞれ異なった運動をする。その結果，プレートの境界では地震・火山活動や地殻変動などが活発である。プレート境界には，　ア　のように二つのプレートが離れていく境界，　イ　のように二つのプレートがすれ違う境界，　ウ　のように二つのプレートが近づき一方が他方の下に沈み込む境界がある。

問1　上の文章中の空欄　ア　〜　ウ　に入れる語の組合せとして最も適当なものを，次の①〜⑥のうちから一つ選べ。

	ア	イ	ウ
①	日本海溝	大西洋 中央海嶺	サンアンドレアス 断層
②	日本海溝	サンアンドレアス 断層	大西洋 中央海嶺
③	大西洋 中央海嶺	サンアンドレアス 断層	日本海溝
④	大西洋 中央海嶺	日本海溝	サンアンドレアス 断層
⑤	サンアンドレアス 断層	日本海溝	大西洋 中央海嶺
⑥	サンアンドレアス 断層	大西洋 中央海嶺	日本海溝

問2　プレートとプレート運動に関する文として最も適当なものを，次の①〜④のうちから一つ選べ。

①　地殻とマントル最上部の硬い部分をアセノスフェアと呼ぶ。

②　プレートの下には，リソスフェアと呼ばれるやわらかくて流れやすい層がある。

③　プレートの運動の速さは，1年あたり数mである。

④　現在では，宇宙技術の利用によりプレート運動の速度を計測できる。

解説 •

問1 **正解** ③

　　 ア は，離れていく境界なので，**海嶺**である。よって，**大西洋中央海嶺**が
入る。 イ は，すれ違う境界なので，**トランスフォーム断層**である。**サンア
ンドレアス断層**はその代表的な例である。 ウ は，海洋プレートである太平
洋プレートが，大陸プレートである北アメリカプレートの下に沈み込んででき
た**日本海溝**が入る。

問2 **正解** ④

① 　地殻とマントル最上部の硬い部分は，**リソスフェア**または**プレート**である。

② 　プレートの下にあるやわらかくて流動的な層は，**アセノスフェア**である。

③ 　プレート運動の速さは場所により異なるが，1年あたり**数cm**である。

④ 　現在では，プレート運動は，人工衛星を使った距離の測定や，銀河系外の
　　天体から届く電波を利用した観測（VLBI）などの宇宙技術の利用によって測
　　定できるようになった。

📖 **赤シート** CHECK

☑プレートは板状の硬い岩盤で，比較的やわらかい**アセノスフェア**の上を
　動き，その速さは年間**数cm**程度である。

☑**海嶺**で誕生したプレートは，**海溝**で沈み込んで消滅する。海洋プレート
　の岩石の年齢は，海嶺から遠いほど**古く**，最長でも2億年で海溝に沈み
　込む。このため，海洋底にはこれより古い岩石はない。

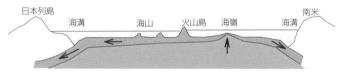

☑火山島の下には，地球に対して不動と考えられているマグマの供給源で
　ある**ホットスポット**がある。

1-4 大地形の形成と変成作用

■収束するプレート境界付近の地形

　プレートが収束する境界付近では，大山脈が形成されることが多い。このようなプレートの収束により生じる地殻変動（造山運動）によって形成された地域は**造山帯**とよばれ，褶曲や断層をともなう複雑な地質構造をもつ。造山帯の地下はプレートの相互作用により高温・高圧になるため，造岩鉱物の種類や組織がかわり，変成作用が進む。

　プレートが沈み込む境界において，海溝に沿って弓なりにできる日本列島のような島を島弧，アンデス山脈のように大陸の縁にできる山脈を陸弧という。海溝と島弧・陸弧からなる地域は，**弧―海溝系（島弧―海溝系）**とよばれる。

■変成作用

　岩石が地下で高温・高圧のもとにおかれると，固体のまま鉱物の種類や組織がかわる。このような作用を**変成作用**といい，生じる岩石を**変成岩**という。

広域変成岩の形成

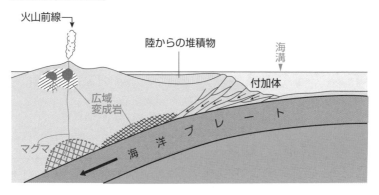

　プレートが沈み込む境界では，海洋プレートによって運ばれてきた堆積物と，陸から供給された堆積物が混じり合ったものが，プレートの沈み込みにともなって大陸プレートに付け加えられていく。このような部分は付加体とよばれる。

　プレートが沈み込む境界の深部は高圧となり，長さ数百 km におよぶ広い帯状の地域で変成岩が形成される。また，大陸地殻内では，海洋プレートの沈み込みにともない大量のマグマが上昇するため高温になり，広い範囲で変成岩が形成される。これらを広域変成作用という。

　一方，マグマが地殻に貫入すると，マグマに接触した岩石が，熱によって数百 m 程度の比較的せまい範囲で変成作用を受ける。これを接触変成作用という。

■変成岩の分類

　広域変成作用で一定方向に強い力を受けると，鉱物が一定方向に並び，面に沿ってはがれやすくなる（片岩）。変成温度が高いと，鉱物が粗粒になり，鉱物量が違う層をくり返して縞模様になる（片麻岩）。

　接触変成作用では，方向性のない変成岩ができる。泥岩や砂岩などが変成するとホルンフェルス，石灰岩が変成すると結晶質石灰岩（大理石）になる。

	岩石名	主なもとの岩石	特徴
広域変成岩	片岩	泥岩，砂岩，礫岩 凝灰岩，玄武岩	高い圧力を受けたため片理（一方向に割れやすい面）が発達し，薄く板状に割れやすい。
	片麻岩	泥岩，砂岩 花こう岩	熱の影響を受けたため，粗い結晶が一方向に並び，白と黒の縞模様が見られる。
接触変成岩	ホルンフェルス	泥岩，砂岩	緻密で硬い。黒雲母が多く，きん青石などの結晶を含むこともある。
	結晶質石灰岩（大理石）	石灰岩	粗粒の方解石からなる。

片岩

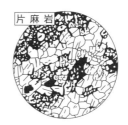
片麻岩

■岩石の循環

岩石は地表や地殻中で形をかえながら，長い時間をかけて循環している。

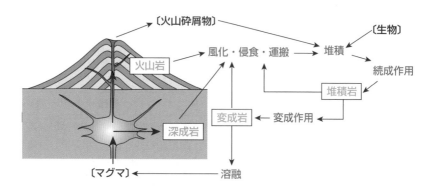

■褶曲と断層

褶曲は地層にゆっくりと力が加わり折り曲げられたもので，造山帯特有の地質構造である。褶曲の中で山状に盛り上がった部分を**背斜**，谷状にくぼんだ部分を**向斜**という。

地層が破壊され，ある面（断層面）に沿ってずれた部分を**断層**という。断層面の上側（上盤）がずり落ちたものは**正断層**，ずり上がったものが**逆断層**である。水平にずれる場合は，断層面をはさんだ向こう側が右向きにずれたものを**右横ずれ断層**，左向きにずれたものを**左横ずれ断層**という。プレートの運動によって拡大する境界では**正断層**が，収束する境界では**逆断層**が形成されやすい。日本列島には，逆断層がくり返し活動することでできた山地が多く存在する。

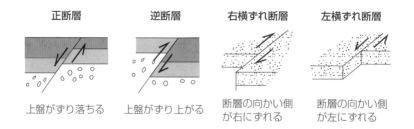

標準マスター

広域変成岩について述べた文として最も適当なものを，次の①～④のうちから一つ選べ。

① 火山で流出した溶岩が，高温のまま厚く積み重なることで，地表の岩石に変成作用を与える。

② 地下深部の大規模な断層運動の摩擦熱によって生じる。

③ 隕石，小天体の衝突で発生した高温，高圧の条件によって生成する。

④ プレートの沈み込み帯や大陸同士の衝突帯などの造山帯内部でできる。

・・・・・・・・・・・・・・・・・・・・・・・・・・・・・・・

正解 ④

① 変成作用は，長時間，岩石が高温・高圧状態に置かれたときに生じるのであって，溶岩が積み重なる程度の環境では岩石はほとんど変成しない。なお，地上に流出した溶岩は，比較的短時間で冷却されるので，その熱では，接触変成作用が起こることもほとんどない。

② 断層運動で摩擦熱が生じたとしても，その熱による影響を受ける時間は非常に短いので，岩石は変成しない。

③ 隕石などの衝突で岩石が変成することはあるが，広域変成岩のような大規模な変成岩はできない。

④ プレートの沈み込みや衝突によって生じる**造山帯**の内部は，高温・高圧である。**広域変成岩**は，このような環境で変成作用を受けることによってできる岩石である。

赤シート CHECK

☑ 広域変成岩の**片岩**は板状に薄く割れやすい。**片麻岩**は粗粒の結晶の縞模様が見られる。

☑ 泥岩や砂岩が接触変成作用を受けると**ホルンフェルス**とよばれる緻密で硬い岩石になる。石灰岩が接触変成作用を受けると**結晶質石灰岩（大理石）**になる。

☑ 造山帯特有の地質構造として，地層が折り曲げられた**褶曲**や，地層がずれた**断層**がある。上盤がずり落ちた断層は**正断層**，ずり上がった断層は**逆断層**という。

解答は別冊1〜5ページ

1 地球の形状に関する次の文章中の空欄 ア 〜 エ に入れる語の組合せとして最も適当なものを，下の①〜④のうちから一つ選べ。

　精密な測量を行うと，地球の形は， ア 半径が イ 半径より20 kmほど大きい回転楕円体に近いことがわかる。この長さの違いは，地球の自転による遠心力が作用した結果生じたものである。そのため，地球の ウ に沿った周囲の長さは， エ に沿った周囲の長さとくらべて長くなっている。

	ア	イ	ウ	エ
①	極	赤　道	子午線	赤　道
②	極	赤　道	赤　道	子午線
③	赤　道	極	子午線	赤　道
④	赤　道	極	赤　道	子午線

2 地球内部の構造について述べた次の文 a 〜 c の正誤の組合せとして最も適当なものを，下の①〜⑧のうちから一つ選べ。

a 日本列島の地下約10 kmの場所は，おもにかんらん岩で構成される。

b アセノスフェアはマントルの一部である。

c 外核はおもに金属で構成される。

	a	b	c
①	正	正	正
②	正	正	誤
③	正	誤	正
④	正	誤	誤
⑤	誤	正	正
⑥	誤	正	誤
⑦	誤	誤	正
⑧	誤	誤	誤

3 地球の空間スケールについて述べた文として最も適当なものを，次の①～④のうちから一つ選べ。

① 地球の大きさは火星の大きさにほぼ等しい。

② マントルの体積は核の体積よりも小さい。

③ 海洋の深さの平均は陸地の高さの平均よりも大きい。

④ 対流圏の厚さは地球の半径の約100分の1である。

4 地球全体に対する外核と内核の大きさを表した図として最も適当なものを，次の①～④のうちから一つ選べ。

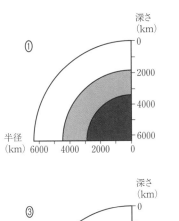

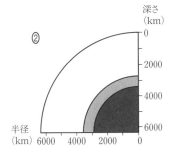

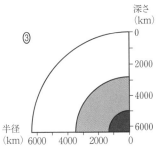

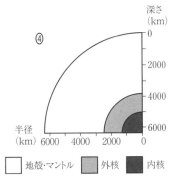

27

5 地球の内部構造に関する次の問いに答えよ。

問1 地殻とマントルについて述べた次の文 **a** ～ **d** のうち，正しい文の組合せとして最も適当なものを，下の①～⑥のうちから一つ選べ。

a プレートは，地殻とマントル最上部を合わせた部分であり，リソスフェアともよばれる。

b 海洋プレートには，中央海嶺以外に活動的な火山は存在しない。

c アセノスフェアは，リソスフェアより下のマントル全体である。

d アセノスフェアは，リソスフェアよりもやわらかく流動しやすい。

① **a**と**b**　　② **a**と**c**　　③ **a**と**d**
④ **b**と**c**　　⑤ **b**と**d**　　⑥ **c**と**d**

問2 地球の平均密度は，地球全体の質量(6.0×10^{27} g)と体積(1.1×10^{27} cm³)から求めることができる。地殻とマントルを合わせた部分の体積と平均密度をそれぞれ 9.2×10^{26} cm³ および 4.5 g/cm³ とすると，核の平均密度はおよそ何 g/cm³ であるか。最も適当な数値を，次の①～④のうちから一つ選べ。

① 7 g/cm³　　② 10 g/cm³　　③ 13 g/cm³　　④ 16 g/cm³

6 プレート運動とプレート境界に関する次の問いに答えよ。

問1　2つのプレートP・Qが南北方向のプレート境界で接している。プレート上に固定された3つの地点X・Y・Zの位置関係は，現在は次の図1のようになっている。プレート運動に伴って，X−Z間およびY−Z間の距離は次の図2のように変化してきた。このプレート境界でのプレート運動の説明として最も適当なものを，下の①〜④のうちから一つ選べ。

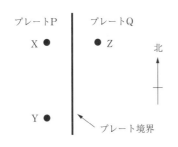

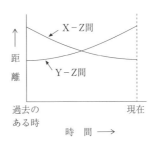

図1　プレートP・Qおよび
　　　地点X・Y・Zの現在
　　　の位置関係（平面図）

図2　X−Z間，Y−Z間の
　　　距離の時間変化

① プレートPの下に，プレートQが西向きに沈み込んでいる。
② プレートQの下に，プレートPが東向きに沈み込んでいる。
③ プレートPから見て，プレートQが南向きに移動している。
④ プレートPから見て，プレートQが北向きに移動している。

問2　プレート境界に関して述べた文として**誤っているもの**を，次の①〜④のうちから一つ選べ。
① プレートが横にすれ違う境界は，大陸にも海洋底にも存在する。
② プレートが横にすれ違う境界の多くでは，地震が発生する。
③ プレートが両側に離れていく境界では，プレートが薄くなっている。
④ プレートが両側に離れていく境界では，深発地震が多く発生する。

7 太平洋などの海洋底には，次の図に示すように，火山島とそれから直線状に延びる海山の列が見られることがある。これは，マントル中にほぼ固定されたマグマの供給源が海洋プレート A 上に火山をつくり，プレート A がマグマの供給源の上を動くために，その痕跡が海山の列として残ったものである。

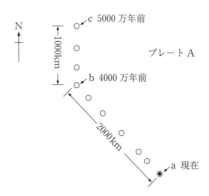

プレート A 上の火山島（◉印）と海山（○印）
火山島 a，海山 b，c の生成年代と，a−b 間，b−c 間の
距離を図に示してある。

問1 上の文章中の下線部のようなマグマの供給源の場所を何と呼ぶか。最も適当なものを，次の①〜④のうちから一つ選べ。
① モホロビチッチ不連続面 ② 溶岩ドーム
③ カルデラ ④ ホットスポット

問2 上の図に示す海山の配列は，マグマの供給源に対するプレート A の運動が，4000 万年前を境に変化したことを示している。このとき生じた運動(向きと速さ)の変化として最も適当なものを，次の①〜④のうちから一つ選べ。
① 北西向き 5 cm/ 年から北向き 10 cm/ 年
② 北向き 10 cm/ 年から北西向き 5 cm/ 年
③ 南東向き 5 cm/ 年から南向き 10 cm/ 年
④ 南向き 10 cm/ 年から南東向き 5 cm/ 年

問3　前ページの図で，海山はマグマの供給源から遠く離れるに従って沈降
　　　していく。海山が沈降する主要な原因として最も適当なものを，次の①
　　　～④のうちから一つ選べ。

①　海山の頂部が，波浪などの作用によって侵食されるため。

②　海山の温度が下がり，熱収縮するため。

③　海山をのせた海底の深度が増大するため。

④　海山の山体が正断層で大きく崩壊するため。

8　何百万年もの間，プレート運動が続くとすると，次の図に示されるように，
二つの海嶺の間にある，トランスフォーム断層をはさむ2点N・M間の距
離の時間変化は，どのようになると予想されるか。下の①～④のうちから最
も適当なものを一つ選べ。

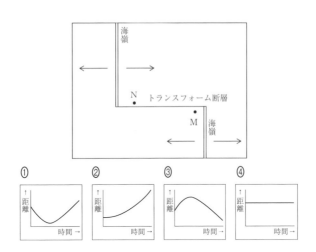

9 次の図1は，プレート上の火山の連なり（火山列）を示したものである。活動中の火山がホットスポット上にあり，その西に，かつては同じホットスポット上で活動していた火山が点々と連なっている。ホットスポットの位置が変わらなかったとすると，地点Xの火山が活動していた時点を境にプレートの移動方向が変化したことになる。下の図2は，火山列に沿って測った活動中の火山からの距離と，火山活動の年代との関係を示す。この関係から，プレートの移動の速さは ア cm/年でほぼ一定だったと考えられる。実際にホットスポット上の火山活動に関連してできた火山列としては， イ がある。

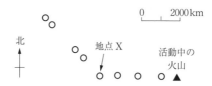

図1 プレート上にある活動中の火山（▲印）と，かつて活動していた火山（○印）

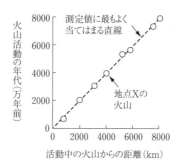

図2 火山列に沿って測った活動中の火山からの距離と火山活動の年代との関係

問1　前ページの文章中の空欄　ア　・　イ　に入れる数値と語の組合せとして最も適当なものを，次の①〜④のうちから一つ選べ。

	ア	イ
①	1	ハワイ諸島
②	1	アンデス山脈
③	10	ハワイ諸島
④	10	アンデス山脈

問2　前ページの文章中の下線部に関連して，プレートの移動方向は地点Xの火山が活動していた時点を境にしてどのように変化したと考えられるか。最も適当なものを，次の①〜④のうちから一つ選べ。

① 西向きから北西向きに変化

② 北西向きから西向きに変化

③ 東向きから南東向きに変化

④ 南東向きから東向きに変化

どのように大地の動きを測るのか？

　1912年，ドイツのウェゲナーは，海岸線の形や生物の分布，地質構造などにもとづき，大陸移動説を発表しました。しかし，大陸を動かす原動力が十分説明できなかったため，認められませんでした。当時は，大地は上下には動くが水平に動くことはないと考えられていたのです。

　その後，20世紀半ばに地質時代の地磁気の測定によって大陸が動いたことがわかり，ウェゲナーの大陸移動説が復活しました。その後，大陸をのせたプレートの動きが実測できるようになったのは，ごく最近のことです。

2地点の距離を測る

　宇宙からやって来る電波の到着時間の差から2地点の距離を正確に測定する方法を，超長基線電波干渉法（VLBI）といいます。この方法によって，日本列島とハワイ諸島の距離が10年で60cm程度近づいていることがわかりました。

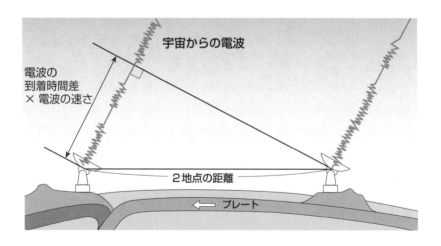

位置を正確に求める

車に搭載されているカーナビゲーションやスマートフォンの位置情報では，GNSS（全球測位衛星システム）という，GPS衛星などの人工衛星から発信される電波を利用しています。このシステムでは，複数（4つ以上）の人工衛星からの電波を受け取り，衛星との距離から位置を求めます。

日本では，衛星からの電波を受ける基準点が約1300カ所設置されていて，大地の動きを観測しています。太平洋プレートが北アメリカプレートに沈み込むところで発生した巨大地震である2011年の東北地方太平洋沖地震では，最大530cmの水平変動が観測されました。

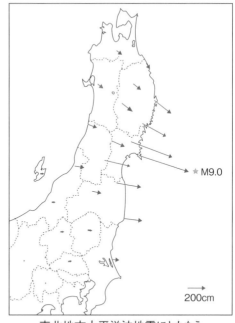

★ M9.0

200cm

東北地方太平洋沖地震にともなう
地殻の水平変動 (2011/3/10〜3/12)

大地の変化を知るには，正確な時計が必要

時間は，太陽の動きにもとづいて定められました。太陽が真南を通過する時刻が正午，正午から翌日の正午までが1日（24時間）です。太陽の動きをもとにした時間とは，地球の自転を基準とした時間ですが，誤差が小さい時計がつくられるようになると，地球の自転の不規則さが明らかになってきました。このため，現在では，原子時計を基準にして，時間が定められています。

高精度の原子時計の誤差は，1億年に1秒程度です。VLBIやGNSSでは，電波の届く時間差の正確な測定が必須で，原子時計なら，この測定が可能です。誤差の小さい時間情報をもとに，正確な位置の測定が可能になったのです。

2-1 地震

■震度とマグニチュード

地震が発生した地点を震源といい，その真上の地表の点を震央という。大きな地震が発生すると，震源の周囲で引き続き地震が発生する。前者を**本震**，後者を余震といい，余震が分布する範囲を余震域という。

各地点における地震動の強さを表す数値を震度といい，0から7の10段階（震度5と6は強弱の2段階がある）の**震度階級**で表される。

地震全体の規模を表す数値をマグニチュードといい，その値が1大きいと，地震のエネルギーは約**32**倍（＝ $\sqrt{1000}$ 倍），2大きいと1000倍である。マグニチュードが大きい地震では，震央付近の震度が大きく，地震動が観測される範囲も広い。また，余震の起こる範囲も広い。

通常，震度は左下図のように震央から遠いほど小さいが，地震波の伝わり方や地盤の状態により，この傾向から外れるところがある。右下図は，震央が日本海西部にある深発地震の震度分布だが，震央に近い日本海側より，震央から遠い太平洋側で震度が大きい。これは，太平洋側の海溝から沈み込んだプレートの中を，地震波がよく伝わったためである。このように，震央に近いところよりも大きくゆれる，震央から遠く離れた地域は，**異常震域**とよばれる。

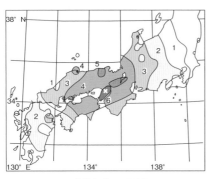

震度分布（×は震央）
1〜6の数字は震度階級を表す。

異常震域 ウラジオストク付近の地震
（1973/9/29 震源の深さ575km M7.8）

■海溝付近のプレート境界地震

次ページの右図のように，沈み込む海洋プレートに引きずり込まれてたわんだ大陸プレートが急に元に戻ることで発生する地震を，海溝付近の**プレート境界地震**（プレート間地震）という。海溝沿いの地域では，海洋プレートが引きずり込まれ続けるため，数十〜数百年周期で巨大地震が発生している。

下図のように，南海トラフの内側にある室戸岬では，海洋プレートの沈み込みによって大陸プレートが引きずり込まれるのに伴い，普段は少しずつ沈降し，大陸プレートには歪みが蓄積し続けている。歪みが限界に達すると地震が発生して歪みが解消され，室戸岬は一度に1m以上隆起する。

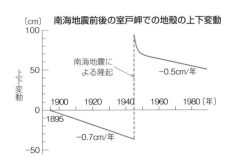

南海地震前後の室戸岬での地殻の上下変動

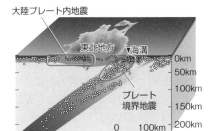

弧 - 海溝系の地震
東北地方の東西断面における震源の分布。沈み込む海洋プレートに沿って深発地震が発生している。

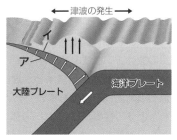

プレート境界地震
引きずり込まれた大陸プレートの歪みが限界に達したとき，海底は**ア**から**イ**に急に隆起する。

■プレート内地震

地震はプレートの内部でも発生し，これを**プレート内地震**とよぶ。左上図の大陸地殻の浅いところの地震は，海洋プレートの沈み込みにより大陸プレートが水平方向に押されて岩盤が破壊されることで発生したものであり，**大陸プレート内地震**とよばれる。一方，海洋プレート内でも，深発地震や海溝の外側で起こる地震など，プレートが歪むことで**海洋プレート内地震**が発生する。

岩盤に力が加わって破壊されると，断層が生じる。過去数十万年間にくり返し活動した断層で，今後も活動すると思われるものは<u>活断層</u>とよばれる。

■地震災害

　海溝のすぐ内側（陸側）で起こる大地震（プレート境界地震）は規模が大きいので，広い範囲にわたって大きな揺れが起こる。また，震源が海底の下にあるため，津波が発生して大きな被害が起こることも多い。

　一方，内陸で起こる地震（大陸プレート内地震）は，マグニチュードが小さくても震源が近いので，被害が大きくなることがある。また，地震にともなって断層が地表に現れることもある。

　水を大量に含んだ砂の層は，地震動によって砂の粒が水中に浮かんだような状態となることがある。これを液状化現象という。

　2011 年の東北地方太平洋沖地震では，強い地震動や津波により甚大な被害が出た。また，福島第一原子力発電所で放射性物質が外部へ放出される事故が起きた。関東の海や沼などの埋立地では，液状化現象による被害が出た。

■地震波

　地震が起こると，2 種類の波（P 波と S 波）が同時に発生し，地球内部を伝わっていく。**初期微動**を生じさせる波であり，初めに観測点に到着する P 波は，媒質の振動方向と波の進行方向が平行な縦波である。**主要動**を生じさせる波であり，次に観測点に到着する S 波は，媒質の歪みが伝わり，媒質の振動方向が波の進行方向に垂直な横波である。横波は，歪みに対する弾性（歪みが元に戻ろうとする性質）をもたない液体や気体中では伝わらない。

　なお，地震波にはこのほかに地表を伝わる表面波があり，しばしば S 波に続いて観測される。表面波は地表に達した P 波や S 波が変化したもので，震源で発生するわけではない。表面波に含まれる周期の長い成分は減衰しにくいため，長周期振動を引き起こし，高層ビルなどを大きくゆらすことがある。

　ある地点で P 波が到着してから S 波が到着するまでの時間を初期微動継続時間（P-S 時間，S-P 時間）という。

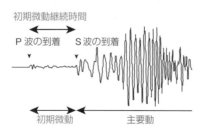

■震源からの距離の求め方

震源からの距離(震源距離)d と初期微動継続時間 t の間には，**大森公式**とよばれる，次のような比例関係がある。k は 6〜8 km/s の値をとる。

$$d=kt$$

P 波，S 波の速さを V_P，V_S とすると，P 波，S 波の到着時間はそれぞれ d/V_P，d/V_S なので，次の式を得る。

$$t=\frac{d}{V_S}-\frac{d}{V_P} \qquad \therefore \quad d=\frac{V_P V_S}{V_P-V_S}t \quad （これは\textbf{大森公式}である）$$

上式で $V_P=6$ km/s，$V_S=3$ km/s ならば，$d=6t$（$k=6$ km/s に相当），$V_P=8$ km/s，$V_S=4$ km/s ならば，$d=8t$（$k=8$ km/s に相当）である。この式に t の値を入れると，震源距離がわかる。

■震央・震源の求め方

異なる 3 点 A，B，C に大森公式を適用して震源距離を求め，左下図のように，各点を中心，震源距離を半径とする円を描く。この 3 つの円のうちの 2 つに着目すると，交点が 2 つある。この 2 点を結ぶ線分を描く。このような線分は計 3 本ある。これらは 1 点で交わり，この交点が**震央**である。さらに，震央から，点 A と震央を結ぶ線分に垂直な線を引くと，点 A を中心とする円と交わる。震央からこの交点までの距離は**震源の深さ**に等しい（もちろん，点 B，C で考えてもよい。下の図のように，上と横から見た図で考えるとわかりやすいだろう）。

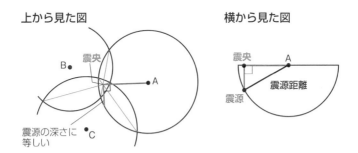

39

標準マスター

> 日本の太平洋沿岸沖合の大地震に関して述べた文として**適当でないもの**を，次の①〜④のうちから一つ選べ。
> ① 大地震は海洋プレートが大陸プレートの下に沈み込んでいる場所なら，どこでも起こる可能性がある。
> ② 日本付近の海溝沿いの大陸プレートは，海洋プレートの沈み込みによるひずみの蓄積と解放を長期にわたって繰り返している。
> ③ 地震空白域では，近い将来に海洋プレートの沈み込みに伴う大地震の発生の可能性が高い。
> ④ 大陸プレートが海洋プレートの下に沈み込んで大地震が発生している場所もある。

 ●

正解 ④

① 日本の**太平洋沿岸沖合の大地震**は，海洋プレートが大陸プレートの下に沈み込むときに生じる**大陸プレートの歪みが解放**されて起こる。したがって，大陸プレートの下に海洋プレートが沈み込んでいる場所なら，どこでも大地震が起こる可能性がある。

② 海洋プレートが動いている限り，大陸プレートの歪みは蓄積し，それが限界に達したときに歪みが解放されて地震が起こるので，**長期にわたって周期的に繰り返し大地震が起こる。**

③ 太平洋沿岸沖合において，長期間地震が起こっていない**地震空白域**は，歪みが蓄積されている場所であると考えられる。したがって，**大地震が起こる可能性が高い。**

④ 一般に，大陸プレートは海洋プレートに比べて密度が小さく，軽いため，**大陸プレートが海洋プレートの下に沈み込むことはない。**

東海地方から四国にいたる地域の沖合においても，大地震の周期的な発生がみられる。その地震にかかわる海洋プレートと大陸プレートの組合せとして正しいものはどれか。次の①～④のうちから一つ選べ。

① 太平洋プレートと北アメリカ(北米)プレート

② フィリピン海プレートとユーラシアプレート

③ フィリピン海プレートと北アメリカ(北米)プレート

④ 太平洋プレートとユーラシアプレート

 解説 ・・・・・・・・・・・・・・・・・・・・・・・・・・・・・・・・・

正解 ②

伊豆半島，およびその沖合から西側の太平洋は，**フィリピン海プレート**の上にあり，このプレートは，南海トラフで**ユーラシアプレート**の下に沈み込んでいる。ここで起こる大地震は，フィリピン海プレートの動きが太平洋プレートより遅いため，日本海溝沿いで起こる大地震より周期が長い。

赤シートCHECK

☑地震が起こった地点を震源，その真上の地表の点を震央という。

☑地震の揺れの強さは震度，地震の規模は**マグニチュード**で表す。マグニチュードが 2 大きいとき，地震のエネルギーは 1000 倍である。

☑マグニチュード 4 の地震と比べたとき，マグニチュード 5 の地震のエネルギーは約 32 ($=\sqrt{1000}$) 倍，マグニチュード 8 の地震のエネルギーは 100 万($=1000 \times 1000$)倍である。

☑地震が発生したあと最初に到着する波を P 波，次に到着する波を S 波という。初期微動継続時間は，震源からの距離に比例する。

■火山の噴火

　地殻やマントルの岩石が部分的にとけたものを**マグマ**という。火山はマグマの噴出口である。深部で発生したマグマは，まわりの岩石より密度が小さいため上昇するが，地殻の上部でまわりとの密度差が小さくなると，<u>マグマだまり</u>をつくって一時滞留する。地下の高圧な状態では，H_2O や CO_2 などの揮発性成分が多くマグマに溶け込んでいるが，何らかの原因で圧力が下がると溶け切れなくなって（気体が発生して）膨張し，地表に噴出する。これが火山噴火である（炭酸飲料をよく振ってフタを開けると圧力が一気に下がって発泡し，あふれるのと同じ原理である）。

■火山の分布

　火山が分布する場所は，**弧-海溝系**，**海嶺**，**ホットスポット**の３つである。

　地球上の火山（活火山）のほとんどは帯状の分布をしており，この火山の分布域は火山帯とよばれている。最も火山が多いのは，**環太平洋火山帯**で，火山は，沈み込むプレートに沿って分布している。海にある火山は，海嶺上のものか，ホットスポット上のものが多い。東アフリカの大地溝帯（リフト帯）にも火山活動があるが，これは，大陸が分裂しつつある場所であると考えられている。

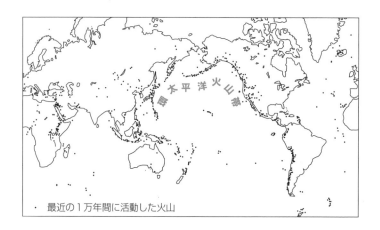

　　• 最近の１万年間に活動した火山

■弧-海溝系の火山

マグマは，プレートが少し沈み込んだ高温部分で発生するので，海溝から少し離れたところでできる。このうち，最も海溝寄りの火山を結んでできる曲線が**火山前線（火山フロント）**である。弧-海溝系の火山は，海溝から100〜300 km程度離れた位置（火山前線以遠）に分布し，安山岩質やデイサイト質のマグマを大量に噴出することが多い。

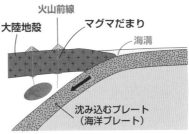

■海嶺の火山

海嶺は，マントル対流の上昇部分であり，高温のまま上昇したマントル物質の一部がとけて海嶺の下部でマグマが発生し，海底に流出する。これは**玄武岩質マグマ**の活動である。また，流出したマグマが冷やされて海洋プレートが誕生するため，海洋プレートの上部は，玄武岩質マグマが海底に流出した際に生じた**枕状溶岩**が見られる。なお，**アイスランド**は陸上で見られる海嶺上の火山島である。

■ホットスポットの火山

ホットスポット上にも火山活動がある。プルームが上昇する地点がホットスポットであり，その位置は変わらないため，上部の火山がプレートの動きによってホットスポットからずれると，その火山の活動が止まり，ホットスポット上に新たに火山が誕生する。ホットスポットのマグマは，**玄武岩質**であり，粘性が小さいため，盾状の火山をつくる。

■火山の噴火の様子

火山の噴火の様子はマグマの**粘性**によって異なり，マグマの粘性は温度や化学組成，マグマに含まれる固体成分，揮発性成分などによって異なる。**マグマの温度が高いと粘性は小さく**（流れやすく），SiO_2**（二酸化ケイ素）の割合が高いと粘性は大きく**（流れにくく）なる。また，固体成分が多いほど粘性は大きい。

粘性の小さいマグマ（**玄武岩質マグマ**）の噴火活動は，比較的穏やかで，**溶岩流**が多い。代表的なものに，ハワイやアイスランドの火山がある。

玄武岩質マグマより粘性が大きい**安山岩質マグマ**の火山は，**爆発的**な噴火をし，多量の火山砕屑物や溶岩を噴出する。日本にはこのタイプの火山が多い。デイサイト質マグマや**流紋岩質マグマ**はさらに粘性が大きく，噴火では火山砕屑物と火山ガスが高速で山腹を流れ下る<u>火砕流</u>をともなうことがある。

マグマの粘性	小 ←――――――――――→ 大
揮発性成分の割合	小 ←――――――――――→ 大
マグマの温度〔噴出直後〕	1100℃←――→ 1000℃ ←――→ 900℃
SiO₂の割合〔質量%〕	小 ←→ 50% ←→ 60% ←→ 70%←→大
噴火の様子	穏やか ←――――――――――→ 激しい

■火山の形

玄武岩質の溶岩は薄く広く流れるため，傾斜の緩やかな<u>盾状火山</u>ができる。また膨大な量の玄武岩質の溶岩の流出によって，広大で平坦な<u>溶岩台地</u>が形成されることもある。インド半島の大部分を占めるデカン高原は，中生代末期にできた溶岩台地である。

安山岩質マグマの火山は，溶岩や火山灰などを噴出し，傾斜の急な<u>成層火山</u>を形成することが多い（成層火山は玄武岩質やデイサイト質のマグマでもできる）。デイサイト質マグマや流紋岩質マグマは，粘性が大きく流れにくいので，ドーム状に盛り上がった<u>溶岩ドーム（溶岩円頂丘）</u>を形成することが多い。

火口から激しい噴火を繰り返すと，火山の中央部が陥没し，**カルデラ**を形成する。阿蘇山は，大規模なカルデラで有名である。

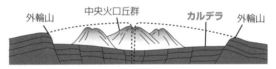

（阿蘇山，箱根山など）

マグマの粘性	小 ← → 大
	流れやすい　　　　　　　　　　　　　　　　　　　　　流れにくい
地形	盾状火山　　　溶岩ドーム（溶岩円頂丘）　成層火山　溶岩台地
岩石	玄武岩　　　　　安山岩　　　　　デイサイト，流紋岩
代表的な火山	マウナロア　　　　桜島　　　　　　昭和新山 キラウエア　　　　浅間山　　　　　雲仙普賢岳

■火山噴出物

火山ガス	水蒸気（H_2O），二酸化炭素（CO_2），二酸化硫黄（SO_2）など
溶岩	縄状溶岩（玄武岩質溶岩） 枕状溶岩（玄武岩質溶岩が水中に噴出・固化したもの） 塊状溶岩（安山岩質〜流紋岩質溶岩）
火山砕屑物	火山灰，火山礫，火山弾，軽石など

　火山噴出物には，気体，液体，固体のものがある。気体の**火山ガス**は，マグマから分離した揮発性成分に，地下水が蒸発した水蒸気が混ざったものである（火山ガスの組成の大部分は水蒸気である）。

　液体の火山噴出物は**溶岩**とよばれ，その後，冷えて固化したものも溶岩とよばれる（なお，溶岩とは，地表に噴出したものの名称であり，地下にあるとき（液体）は**マグマ**とよばれる）。溶岩は，その粘性によって流れ方が異なり，粘性が小さい玄武岩質の溶岩は薄く広く流れ，冷えると縄状溶岩などを形成する。また，玄武岩質の溶岩が水中に流出すると枕状溶岩になる。粘性が大きい安山岩質〜流紋岩質の溶岩は，大きな塊の塊状溶岩を形成する。

　固体の火山噴出物は，**火山砕屑物**（火砕物）とよばれる。火山灰中の火山ガラスはマグマが急冷したもので，これによってマグマの化学組成がわかる。

　火山噴火の一般的な**前兆現象**として最も適当なものを，次の⓪〜④のうちから一つ選べ。

⓪　火口付近で，地中温度が低下する。

②　火山の下方で，深発地震が多発する。

③　火山の山体が膨張する。

④　火口付近で，土石流が発生する。

正解　③

⓪　噴火が近いとマグマが上昇するので，火口付近の地中温度は上昇する。

②　噴火が近づくと，マグマの動きが活発になり，**マグマだまりの周辺や上部で地震が発生する**が，これらの**震源は浅い**。一般に，深発地震は，深さ100 km 以上のもののことで(300 km 以上を指す場合もある)，沈み込むプレート(海洋プレート)の内部で起こる。

③　**マグマが上昇すると，その圧力で山体が隆起する**ことが多く，山の傾斜が大きくなるなどの変化(山体の膨張など)が現れる。

④　火山活動による土石流は火山噴火後に起こるので，前兆現象ではない。

　火山噴火の様式について述べた文として最も適当なものを，次の⓪〜④のうちから一つ選べ。

⓪　玄武岩質マグマは，割れ目噴火を起こさない。

②　玄武岩質マグマは，火砕流を伴う噴火を起こす。

③　流紋岩質マグマは，爆発的噴火を起こさない。

④　流紋岩質マグマは，溶岩ドームを形成する。

正解　④

　玄武岩質マグマは粘性が小さい。また，火口噴火だけでなく，地表の線状の割れ目からマグマを噴出する**割れ目噴火**を起こすことが多く，**溶岩流**をともなう。一方，**流紋岩質マグマは粘性が大きい**。また，溶岩が流れにくいので**溶岩ドーム(溶岩円頂丘)を形成する**ことが多く，火砕流をともなうこともある。

活火山の下には，マグマだまりが存在すると考えられている。マグマだまりについて述べた文として最も適当なものを，次の①～④のうちから一つ選べ。

① マグマだまりの内部では，地震が多発する。

② マグマだまりでは，横波であるS波は伝わらない。

③ マグマだまりが地下で固結すると，火山岩が形成される。

④ マグマだまりは，大きいものほど急速に冷却・固化する。

 ・・・・・・・・・・・・・・・・・・・・・・・・・・・

正解 ②

① マグマは液体で，歪みが蓄積しないため，マグマの中で地震が発生することはない。火山性の地震は，マグマが動いて，その周りの岩石に歪みが生じて起こる。つまり，マグマだまりの周辺では地震が起こる。

② S波は液体中では伝わらないので，マグマだまりの中は伝わらない。

③ 通常，マグマだまりは，地下数kmにある比較的大きなマグマの塊である。マグマだまりが地下で固まると，ゆっくり冷却されるため，深成岩が形成される。一方，火山岩は，マグマだまりから上昇したマグマが，地表や地表近くで急冷されてできる。

④ 大きいマグマだまりほど冷えるのに時間がかかる。

📖 **赤シート**CHECK

☑沈み込み帯の火山は海溝から大陸側へ100～300km程度離れたところに帯状に分布している。火山の分布の海溝側の限界線を<u>火山前線（火山フロント）</u>という。

☑火山が分布する場所は，<u>弧-海溝系</u>，<u>海嶺</u>，<u>ホットスポット</u>の3つである。

☑マグマの温度が高いと粘性は<u>小さく</u>，SiO_2の割合が高いと粘性は<u>大きく</u>なる。

☑マグマの粘性によって，火山の形も異なる。粘性が<u>小さい</u>玄武岩質のマグマは<u>盾状火山</u>や<u>溶岩台地</u>を形成することが多い。一方，粘性が<u>大きい</u>流紋岩質マグマは<u>溶岩ドーム（溶岩円頂丘）</u>を形成することが多い。

2-3 火成岩

■造岩鉱物

岩石をつくる鉱物を**造岩鉱物**という。造岩鉱物の多くは**ケイ酸塩鉱物**である。ケイ酸塩鉱物は，1個のケイ素 Si が4つの酸素 O に囲まれた SiO_4 四面体が結晶の基本となっている。これらが隣り合う酸素を共有し，鎖状や網状に連結して鉱物をつくっている。

SiO_4 四面体

結晶構造は鉱物の性質に影響を及ぼす。たとえば黒雲母は網状（シート状）の構造をしているため薄くはがれやすい。黒雲母のように決まった面が割れやすい性質は**へき開**とよばれる。

■有色鉱物と無色鉱物

ケイ酸塩鉱物は，次の2つに分類される。

有色鉱物（苦鉄質鉱物）	かんらん石，輝石，角閃石，黒雲母
無色鉱物（ケイ長質鉱物）	斜長石，カリ長石，石英

ケイ酸塩鉱物のうち，Fe や Mg を含む鉱物は，色のついた黒っぽいものが多いため，<u>有色鉱物</u>とよばれる。なお，苦鉄質の「苦」はマグネシウムのことである。また，ケイ長質（珪長質）の「ケイ」はケイ酸塩鉱物の石英，「長」は長石のことである。

■火成岩

マントル上部で生じたマグマは次第に上昇して地殻に達し（マグマの**貫入**），冷却されて**火成岩**になる。**岩脈**（マグマが地層を切るように貫入して火成岩になったもの），**岩床**（マグマが地層面にほぼ平行に貫入して火成岩になったもの），溶岩は比較的小規模なので，マグマの冷却が速い。これに対し，**底盤**（バソリス）は，造山帯の下部に貫入した大規模な花こう岩質マグマがゆっくり冷却されてできる。

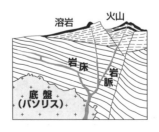

■深成岩と火山岩

マグマが地下深部でゆっくり冷却されると，結晶が十分に発達し，すべての鉱物が大きな結晶からなる<u>等粒状組織</u>の岩石である**深成岩**になる。なお，ここで言う「ゆっくり」とは，数十万〜1000万年の時間スケールのことである。一方，マグマだまりなどで大きく成長した結晶である**斑晶**と，その後マグマが急冷してできた小さな結晶や火山ガラスからなる**石基**でできた<u>斑状組織</u>の岩石は<u>火山岩</u>という。

深成岩と火山岩は，冷却過程の違いによって生じた**組織の違い**による分類であり，鉱物組成や化学組成による分類ではない。

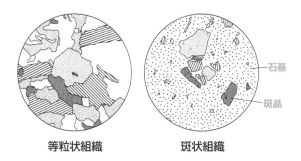

石基

斑晶

等粒状組織　　　斑状組織

■自形と他形

自形	他の結晶の影響を受けずに，鉱物本来の結晶面で囲まれたもの
他形	他の結晶に囲まれて，鉱物本来の結晶面をもたないもの
半自形	一部，鉱物本来の結晶面をもつもの

マグマ中の鉱物は同時に結晶化するのではない。最初に温度が高い状態で結晶化する鉱物は，周りが液体なので，鉱物本来の結晶面が十分に発達し，規則正しい形の結晶（自形）になる。一方，冷却が進み，固体成分が増えたマグマからは，本来の結晶面が発達せず，すでに結晶化した鉱物のすき間を埋めるように不規則な形の結晶が生じる。これが他形である。この点を踏まえ，岩石を顕微鏡で観察すると，結晶化した順序がわかる。

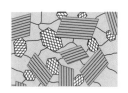

結晶化した順序　　1 → 2 → 3

自形　　半自形　　他形

結晶化した温度　　高温 → 低温

■ケイ長質岩・中間質岩・苦鉄質岩

火成岩の化学組成はふつう酸化物の質量 % で表される。通常，最も多く含まれるのは SiO_2（二酸化ケイ素）で，SiO_2 が約 66 % 以上の火成岩を**ケイ長質岩**，約 52〜66 % のものを**中間質岩**，約 45〜52 % のものを**苦鉄質岩**という。なお，マントル物質（かんらん岩）の SiO_2 の含有量は，45 % 以下で，苦鉄質岩より少ないので，**超苦鉄質岩**とよばれる。

■色指数

火成岩の鉱物組成は，SiO_2 の含有量と相関がある。すなわち，SiO_2 の含有量が少ない岩石は，かんらん石や輝石を多く含み，SiO_2 の含有量が多い岩石は，長石や石英を多く含む。そのため，SiO_2 の含有量が少ない岩石は黒っぽく，**SiO_2 の含有量が多い岩石は白っぽい。**

	超苦鉄質岩	苦鉄質岩	中間質岩	ケイ長質岩
色指数による区分〔体積%〕	60	35	10	
SiO_2 の割合による区分〔質量%〕	45	52	66	

色指数は，有色鉱物が占める割合（体積比）を表すもので，とくに，等粒状組織をもつ深成岩では，肉眼で見ても，およその色指数がわかる。下図は，色指数が 40 および 20 の状態を表している。なお，上の表の色指数の数値は目安であり，教科書によって数値に多少違いがある。

40 ── 色指数 ── 20

■火成岩の分類

次の図は，火成岩の分類のモデルである（なお，火成岩にはさまざまなものがあり，必ずこの図の通りに分類できるわけではない）。

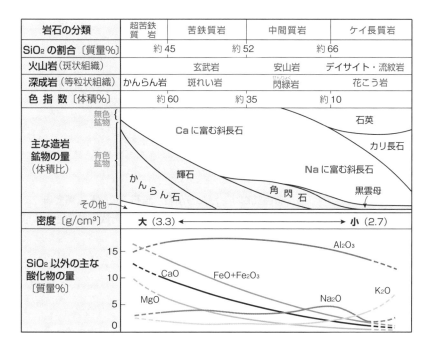

岩石の分類	超苦鉄質岩	苦鉄質岩	中間質岩	ケイ長質岩
SiO₂ の割合 〔質量%〕	約45	約52	約66	
火山岩（斑状組織）		玄武岩	安山岩	デイサイト・流紋岩
深成岩（等粒状組織）	かんらん岩	斑れい岩	閃緑岩	花こう岩
色指数〔体積%〕	約60	約35	約10	

火成岩に含まれている酸化物のうち，SiO₂ の次に多いのは Al₂O₃ である。これは，すべての火成岩に含まれる斜長石に，Al₂O₃ が多く含まれているためである。

斜長石はすべての火成岩に含まれているただ 1 つの造岩鉱物だが，苦鉄質岩に含まれている斜長石は Ca が多く，Na が少ない。逆に，ケイ長質岩に含まれている斜長石は Ca が少なく，Na が多い。Mg や Fe は有色鉱物に多く含まれている。

標準マスター

　有色鉱物の量は火成岩を分類する上で重要である。有色鉱物は無色鉱物に比べて，ある元素を特徴的に多く含む。その元素として最も適当なものを，次の①～⑥のうちから一つ選べ。

① ケイ素と酸素

② ケイ素とチタン

③ アルミニウムとカルシウム

④ カルシウムとナトリウム

⑤ ナトリウムとカリウム

⑥ マグネシウムと鉄

 ・・・・・・・・・・・・・・・・・・・・・・・・・・・・・・・・・

正解 ⑥

　主要造岩鉱物のうち，**有色鉱物**は，**かんらん石，輝石，角閃石，黒雲母**である。これらはすべて **Mg，Fe** を含むため，**有色鉱物**は，**苦鉄質鉱物**ともよばれる。なお，苦鉄質の「苦」は，マグネシウムを意味する。

　ケイ素と酸素は，ほとんどの造岩鉱物に含まれる。

　　二つとも無色鉱物である組合せとして最も適当なものを，次の①～⑥のうちから一つ選べ。

① 石英と斜長石

② 角閃石とかんらん石
 かくせん

③ 輝石と角閃石

④ かんらん石と斜長石

⑤ 黒雲母とカリ長石

⑥ 火山ガラスとかんらん石

 ・・・・・・・・・・・・・・・・・・・・・・・・・・・・・・・・・

正解 ①

　主要造岩鉱物のうち，**無色鉱物**は，**斜長石，カリ長石，石英**である。なお，火山ガラスは鉱物名ではない。

火成岩の組織について述べた文として最も適当なものを，次の①〜④のうちから一つ選べ。

① 火成岩の斑晶は，地下に埋没した溶岩が続成作用を受けてできる。

② 火山岩の斑晶は，マグマが地表で急激に冷えるときにできる。

③ 火山岩の石基は，マグマが地下でゆっくりと冷えるときにできる。

④ 火山ガラスは，マグマが急激に冷えるときにできる。

 解説・・・・・・・・・・・・・・・・・・・・・・・・・・・・・・・・

正解 ④

①，② 斑晶は，マグマだまりなどの中で，ゆっくり冷却してできた結晶である（火山岩では，斑晶ができるところまではゆっくり冷え，その後急冷して石基ができる）。

③，④ **石基**は，マグマが**急冷**されてできた部分で，**小さい結晶**や**火山ガラス**からなる。なお，ガラスとは，結晶化していない固体のことである。

📖赤シートCHECK

☑ Fe や Mg を含む黒っぽい鉱物を<u>有色鉱物</u>という。一方，Fe や Mg を含まない白っぽい鉱物を<u>無色鉱物</u>という。

☑マグマが冷えてできた岩石を<u>火成岩</u>という。

☑マグマが地表や地表近くで急冷されて固まった岩石を<u>火山岩</u>，マグマが地下深くでゆっくり冷やされて固まった岩石を<u>深成岩</u>という。

☑マグマが冷えるとき，鉱物が自由に成長すると，鉱物本来の形態をもった結晶となる。このような形態のことを<u>自形</u>という。一方，先にできた結晶の影響で，鉱物本来の結晶面をもたない形態のことを<u>他形</u>という。

☑岩石に含まれる有色鉱物の体積比を<u>色指数</u>という。

☑苦鉄質岩に含まれている斜長石は Ca を多く含み，Na は少ない。

☑苦鉄質岩の密度は，ケイ長質岩の密度に比べて<u>大きい</u>。

解答は別冊6〜11ページ

10 地震による大きな揺れの発生を速報によって事前に少しでも早く周知できれば，震災の軽減に役立てられる。このような速報を提供するシステムが実用化されている。このシステムは，地震が起きた直後に，最も速く伝わる地震波をいくつかの観測点で検知(観測)し，地震波が最初に発生した場所である ア と地震の規模を表す イ を推定する。さらに，各地の大きな揺れ(主要動)の発生時刻や，その揺れの程度を表す ウ を予測し，これらの情報を速やかに伝達する。

問1 上の文章中の空欄 ア 〜 ウ に入れる語の組合せとして最も適当なものを，次の①〜⑥のうちから一つ選べ。

	ア	イ	ウ
①	震央	加速度	等級
②	震央	加速度	エネルギー
③	震央	マグニチュード	震度
④	震源	加速度	等級
⑤	震源	マグニチュード	エネルギー
⑥	震源	マグニチュード	震度

問2 地震波の種類について述べた文 **a・b** と，地震波の性質について述べた文 **c・d** の組合せとして最も適当なものを，下の①〜④のうちから一つ選べ。

地震波の種類

　a 最も速く伝わる地震波はP波，一般に大きな揺れを起こす地震波はS波である。

　b 最も速く伝わる地震波はS波，一般に大きな揺れを起こす地震波はP波である。

地震波の性質

　c P波は横波，S波は縦波である。

　d P波は縦波，S波は横波である。

① **a**と**c**　　② **a**と**d**　　③ **b**と**c**　　④ **b**と**d**

11 地球内部で発生する現象に地震がある。地震について述べた文として**誤っているもの**を，次の①～④のうちから一つ選べ。

① 急激に岩盤を破壊する断層運動は，地震を発生させる。

② 火山活動時に，マグマの貫入によるひずみの変化に伴い，地震が発生することがある。

③ 環太平洋のプレートの沈み込み帯は，地震の多発地帯である。

④ 中央海嶺ではマグマがゆっくり上昇してくるため，地震は起こらない。

12 震源からは，P波とS波の2種類の波が観測点に伝わっていく。P波の平均速度を $5.0 \, \text{km/s}$，S波の平均速度を $3.0 \, \text{km/s}$ とすると，初期微動継続時間 $t \, [\text{s}]$ と観測点から震源までの距離 $L \, [\text{km}]$ の間には $L = \boxed{} t$ の関係が成り立つ。

問1 上の文章中の空欄 $\boxed{}$ に入れる数値として最も適当なものを，次の①～④のうちから一つ選べ。

① 2.0　　② 4.0　　③ 7.5　　④ 9.0

問2 観測点から震源までの距離が $50 \, \text{km}$，震央までの距離が $40 \, \text{km}$ であったとすると，震源の深さは何キロメートル(km)となるか。最も適当な数値を，次の①～④のうちから一つ選べ。

① 10 km　　② 30 km　　③ 45 km　　④ 90 km

13 次の図は，ある地震で地表に現れた断層（地震断層）を上空から見て作成した模式的な平面図である。太い実線で示された断層によって，Ｔ字状の道路がずれている。地上の調査では，断層を境にして，東側の地面と西側の地面に段差が生じたことがわかっている。

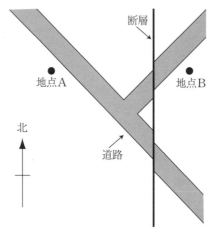

地震で地表に現れた断層の模式的な平面図

問1 上の図の断層の種類と，地震の前後における地点Ａと地点Ｂの水平方向の距離の変化との組合せとして最も適当なものを，次の①〜④のうちから一つ選べ。

	断層の種類	距　離
①	正断層	長くなった
②	正断層	短くなった
③	逆断層	長くなった
④	逆断層	短くなった

問2 上の図の断層は活断層であると判断された。その判断の根拠として最も適当なものを，次の①〜④のうちから一つ選べ。

① この断層の地下数百 km で，地震が数多く発生している。

② この断層は，過去数万年間に少なくとも３回地層を切断している。

③ この断層から数十 km 離れたところに活動中の火山がある。

④ この断層の周囲数百 km に，大規模な活断層が存在する。

14 同じ標高にある地震観測点A・B・Cが，下の図のような直角三角形の頂点に位置している。ある深さで地震が発生し，A・B・Cで観測されたP波到着からS波到着までの時間はすべて4秒であった。よって，震央はA・B・Cから等距離にあり，辺ACを直径としA・B・Cを通る円の中心に一致する。このとき震源の深さは何kmと推定されるか。最も適当な数値を，下の①～④のうちから一つ選べ。ただし，大森公式の比例定数 k を6.25 km/秒とする。

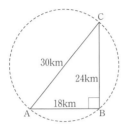

地震観測点A・B・Cの位置関係
破線はA・B・Cを通る円を表す。

① 10 km　　② 15 km　　③ 20 km　　④ 25 km

15 火山の多くは，島弧(弧状列島)や海嶺付近に分布する。島弧では，プレートが海溝で沈み込んでいる。(a)代表的な島弧である日本には，数多くの火山が帯状に分布している。日本にはさまざまな種類の火山があるが，(b)成層火山が多く見られる。

問1 上の文章中の下線部(a)に関連して，島弧と海溝からなり多くの火山が分布する場所として**適当でないもの**を，次の①～④のうちから一つ選べ。
① マリアナ諸島　　　　② ハワイ諸島
③ フィリピン諸島　　　④ アリューシャン列島

問2 上の文章中の下線部(b)に関連して，成層火山のでき方について述べた文として最も適当なものを，次の①～④のうちから一つ選べ。
① マグマだまりに空洞が生じ，その上の部分が陥没してできる。
② 粘性の小さい溶岩が繰り返し噴出してできる。
③ 粘性の大きい溶岩が噴出してドーム状の高まりをつくってできる。
④ 溶岩や火山砕屑物が繰り返し噴出してできる。

16 火山の活動にはそれぞれ個性があるため，噴火を予知するためには，古文書の記録や地層に残された噴出物から過去の活動の性質や経過，周期性などを明らかにしておくことが役に立つ。また，火山体の膨張や，火山活動に関連した地震の種類や発生回数・震源の位置などを継続的に観測し，噴火が近づいた兆候を検知することも必要である。

問1 ある火山から噴出した溶岩（**ア**・**イ**）を調査した。その結果，溶岩**ア**には，かんらん石と Ca に富む斜長石とが含まれ，溶岩**イ**には，石英とカリ長石と Na に富む斜長石とが含まれていることがわかった。溶岩（**ア**・**イ**）をつくったマグマの性質の組合せとして最も適当なものを，次の①〜④のうちから一つ選べ。

	溶岩**ア**	溶岩**イ**
①	流紋岩質	安山岩質
②	流紋岩質	玄武岩質
③	玄武岩質	安山岩質
④	玄武岩質	流紋岩質

問2 上の文章中の下線部の例として，ハワイ島のキラウエア火山の噴火活動があげられる。1986 年における，キラウエア山頂部の傾斜の増減から見た山体の隆起（膨張）・沈降（収縮）と火口における噴火の時期（矢印）との関係を表す図として最も適当なものを，次ページの①〜④のうちから一つ選べ。

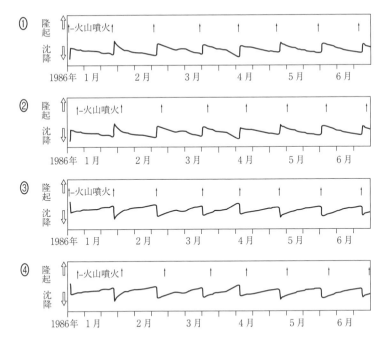

問3 ハワイのキラウエア火山やマウナロア火山では，おもに粘性の小さい玄武岩質の溶岩流が繰り返し噴出している。このようにして形成された火山体の形を表す模式断面図として最も適当なものを，次の①～④のうちから一つ選べ。

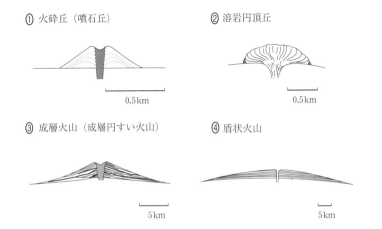

① 火砕丘（噴石丘）

② 溶岩円頂丘

③ 成層火山（成層円すい火山）

④ 盾状火山

17 火山の噴火様式は，比較的穏やかな噴火と激しく爆発する噴火に分けられる。比較的穏やかな噴火では，マグマが地表に溶岩流として噴出するが，噴出するマグマの粘性の違いによって，形成される火山の形が異なってくる。爆発的な噴火では，その噴出物は火山砕屑物となる。

問1 上の文章中の下線部に関連して，粘性の大きいマグマが噴出した場合に形成される火山の形と岩石の組合せとして最も適当なものを，次の⓪〜④のうちから一つ選べ。

	火山の形	岩　石
⓪	盾状火山	流紋岩
②	盾状火山	玄武岩
③	溶岩ドーム（溶岩円頂丘）	流紋岩
④	溶岩ドーム（溶岩円頂丘）	玄武岩

問2 爆発的な噴火様式について述べた文として最も適当なものを，次の⓪〜④のうちから一つ選べ。

⓪　噴出前のマグマに含まれる MgO 成分が多いほど，より爆発的な噴火になる。

②　爆発的な噴火では，噴出前のマグマに結晶は含まれるが，ガス成分（揮発性成分）は含まれていない。

③　噴出時の温度が高いマグマほど，爆発的な噴火を引き起こす。

④　成層火山には，爆発的な噴火によってできた軽石や火山灰の堆積物が含まれている。

18 火山岩は，マグマ中ですでに成長していた大きな結晶である斑晶と，地表近くでマグマが急速に冷えてできた粒の細かい結晶や　ア　からなる石基とで構成される。このような組織を　イ　組織という。火山岩は二酸化ケイ素(SiO_2)の量によって，玄武岩，安山岩，流紋岩に分類されており，それぞれに特有な造岩鉱物の組合せからなる。

問1　上の文章中の空欄　ア　・　イ　に入れる語の組合せとして最も適当なものを，次の①〜④のうちから一つ選べ。

	ア	イ
①	ガラス	斑　状
②	ガラス	等粒状
③	気　泡	斑　状
④	気　泡	等粒状

問2　上の文章中の下線部に関連して，玄武岩について述べた文として最も適当なものを，次の①〜④のうちから一つ選べ。

① 二酸化ケイ素の量が 70 質量 % 前後で，石英や長石に富む。
② 二酸化ケイ素の量が 70 質量 % 前後で，輝石やかんらん石に富む。
③ 二酸化ケイ素の量が 50 質量 % 前後で，石英や長石に富む。
④ 二酸化ケイ素の量が 50 質量 % 前後で，輝石やかんらん石に富む。

19 マグマが地下の深い所でゆっくり冷えると深成岩になる。次の表は、3種類の深成岩(斑れい岩、花こう岩、閃緑岩)に含まれるおもな造岩鉱物の割合を測定した結果である。

岩石試料A〜Cに含まれる鉱物の割合(体積 %)

岩石試料	石英	斜長石	カリ長石	黒雲母	角閃石	輝石	かんらん石
A	31	25	36	6	2	—	—
B	3	64	—	—	25	8	—
C	—	55	—	—	—	35	10

問1 表中の岩石試料A〜Cの岩石名の組合せとして最も適当なものを、次の①〜⑥のうちから一つ選べ。

	A	B	C
①	斑れい岩	花こう岩	閃緑岩
②	斑れい岩	閃緑岩	花こう岩
③	花こう岩	斑れい岩	閃緑岩
④	花こう岩	閃緑岩	斑れい岩
⑤	閃緑岩	斑れい岩	花こう岩
⑥	閃緑岩	花こう岩	斑れい岩

問2 表に示されたデータに基づいて、岩石試料Bの色指数として最も適当なものを、次の①〜⑥のうちから一つ選べ。

① 8

② 25

③ 33

④ 64

⑤ 67

⑥ 92

問3 花こう岩について述べた文として最も適当なものを，次の ① ～ ④ のうちから一つ選べ。

① 斜長石は斑れい岩中のものより Na に富んでいる。

② 閃緑岩より FeO や MgO に富んでいる。

③ 海洋地殻に多く分布する。

④ 化学組成は安山岩とほぼ一致する。

問4 深成岩の組織や性質について述べた文として最も適当なものを，次の ① ～ ④ のうちから一つ選べ。

① ガラス質の物質からなり，大きな結晶を含む。

② 角のとれた大小の鉱物の集合体である。

③ 大きさのほぼそろった粗粒の鉱物からなる。

④ 細粒鉱物からなり，かたくて緻密な性質を示す。

20 火成岩の分類と，それらの岩石を構成する主な鉱物の割合(体積比)を示した図に関する下の問いに答えよ。

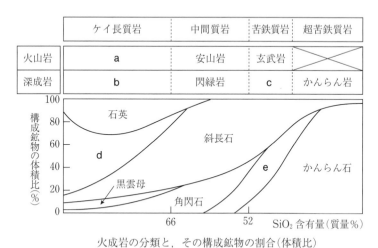

火成岩の分類と，その構成鉱物の割合(体積比)

問1 上の図中の a ～ c に相当する岩石の組合せとして正しいものを，次の①～⑥のうちから一つ選べ。

	a	b	c
①	流紋岩	花こう岩	斑れい岩
②	流紋岩	斑れい岩	花こう岩
③	花こう岩	流紋岩	斑れい岩
④	花こう岩	斑れい岩	流紋岩
⑤	斑れい岩	花こう岩	流紋岩
⑥	斑れい岩	流紋岩	花こう岩

問2 前ページの図中の **d・e** に相当する鉱物の組合せとして正しいものを，次の①〜⑥のうちから一つ選べ。

	d	e
①	磁鉄鉱	輝石
②	磁鉄鉱	カリ長石
③	カリ長石	輝石
④	カリ長石	磁鉄鉱
⑤	輝石	カリ長石
⑥	輝石	磁鉄鉱

問3 岩石の色指数と岩石と同じ化学組成のマグマの粘性は前ページの**図の右側に向かって**それぞれどのように変化するか。語句の組合せとして正しいものを，次の①〜④のうちから一つ選べ。

	色指数	マグマの粘性
①	大きくなる	大きくなる
②	大きくなる	小さくなる
③	小さくなる	大きくなる
④	小さくなる	小さくなる

雨と雲の話

〜恵みと災害〜

　日本には，雨がよく降ります。日本の1年間の平均降水量は約1700 mmと，世界平均（約900 mm）のおよそ2倍となっており，日本の水資源は豊富だといえます。しかし，雨は恵みをもたらす一方で，災害をもたらすこともあります。局地的な豪雨があると，ときには，1時間に100 mmを超えるような猛烈な雨が降ることもあります。雨量100 mmというのは，6畳の部屋に10 Lのバケツ100杯分の水をまくような雨です。

　雨量は，降った雨がそのままたまったとしたときの深さ (mm) で表す。6畳の部屋の面積は約10 m²なので，この面積に降る雨量100 mmに相当する水の体積は1 m³である。

〜「梅雨」は「つゆ」？　それとも「ばいう」？〜

　日本で雨が多い時季には，梅雨や秋雨があります。「梅雨前線」は「ばいうぜんせん」と読みますが，「梅雨」は「つゆ」と読むのが普通です。「梅雨」は，中国から伝わってきた言葉で，語源としては，「梅の実が熟す頃の雨」という意味から「梅雨」となったという説などがあります。

　「梅雨」という言葉が伝わってくる前は，梅雨の時季の雨は「五月雨」とよばれていました。松尾芭蕉の句に，「五月雨を あつめて早し 最上川」とありますが，旧暦の五月は新暦の六月頃であり，「五月雨」は，現在の梅雨のことです。ちなみに「五月晴れ」は，本来は梅雨の間の晴れ間のことだったのですが，現在では，五月の天気の良い日を指すように，言葉の意味が変わってきています。

～雨粒ができるまで～

地球表面は半分ぐらいが雲で覆われていますが、雲がある地域すべてで雨が降っているわけではありません。雨が降るまでには、いくつかの関門があるのです。

空気は上昇すると膨張し温度が下がるため、次第に相対湿度が高くなります。相対湿度が 100 % を超えると、空気は過飽和の状態になりますが、これだけでは雲は発生しません。水蒸気が水滴や氷晶になり、雲が発生するためには、凝結核が必要です。これが、第 1 の関門です。一般に、大気は海塩粒子や塵を含み、これらの微小粒子が凝結核となるため、水蒸気が付着して雲粒ができます。しかし、凝結核がなければ、過飽和の状態のままで、雲はできません。

雲ができただけでは、雨は降りません。雲粒は小さくて落下しないからです。第 2 の関門は、雲粒が大きくなることです。雲粒の大きさは数 μm 程度ですが、雨粒の大きさは数 mm 程度です。したがって、雨粒ができるためには、たくさんの雲粒が集まる必要があります。

雲の中でヨウ化銀をまくと、これが凝結核になって、雨粒のもとになります。これが人工降雨の原理です。この原理を応用することで、人間が降水を管理し、大雨を防いだり、水不足を解消したりする時代が来るかもしれませんね。

3-1 大気の構造

■大気組成と気圧

高度約 80 km くらいまでは，大気がよくかき混ぜられているため大気の組成はほぼ一定であり，水蒸気を除いて考えると，**窒素**(78 %)，**酸素**(21 %)，アルゴン(0.9 %)，二酸化炭素(0.04 %)などから構成される。大気中の水蒸気の量は，場所，時期などによって異なるが，最大で 4 % 程度である。

気圧は底面積が 1 m² の空気柱の重さに等しく，1 気圧は高さ 76 cm の水銀柱による圧力に相当し，1013 hPa である。上空ほど気圧は低く，約 5.5 km ごとに半分になる。

■大気圏の区分

熱圏 (ねつけん)	太陽からの X 線や紫外線が吸収されるため上空ほど高温。オーロラが見られる。
中間圏 (ちゅうかんけん)	上空ほど低温。
成層圏 (せいそうけん)	オゾンが太陽からの紫外線を吸収するため上空ほど高温。
対流圏 (たいりゅうけん)	一般に，上空ほど低温。気温減率(高度とともに気温が下がる割合)は約 0.65 °C/100 m。**圏界面**(けんかいめん)(対流圏と成層圏の境界)の高さは約 11 km。

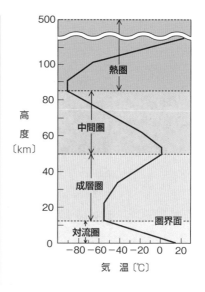

大気は，大気圏の中の 3 つの部分で暖められており，高度と気温の間には，複雑な関係がある。太陽光が大気圏(**熱圏**)に入ると，X 線や紫外線が酸素や窒素に吸収されることで大気が暖められる(熱圏では酸素分子 O_2 の多くは酸素原子 O に分解されている)。**成層圏**では酸素分子 O_2 が紫外線を吸収してオゾン(O_3)になっていて，オゾンの密度が大きい高度 20〜30 km は**オゾン層**とよばれる。オゾンが太陽からの紫外線の多くを吸収するため，地表は，生物が生存できる環境になっている。地表に達した太陽光は，地表で吸収され，これにより，地表付近の大気が暖められる。**対流圏**では大気が下(地表)から暖められるため，一般に下層の方が上層よりも暖かくなって対流が生じ，雲の発生や降水が起こる。

■水の循環と大気中の水蒸気

地球上の水は，太陽からのエネルギーにより，液体，気体，固体と状態を変える(相変化)。この変化にともなう熱を潜熱という。

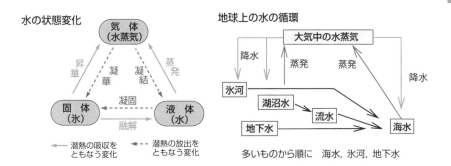

水の状態変化

地球上の水の循環

多いものから順に　海水，氷河，地下水

大気中の水蒸気

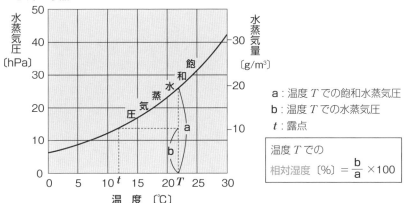

$$温度Tでの相対湿度〔\%〕 = \frac{b}{a} \times 100$$

a：温度 T での飽和水蒸気圧
b：温度 T での水蒸気圧
t：露点

水蒸気量は $1\,m^3$ あたりの大気が含む質量(g)で表されるが，大気中の水蒸気の圧力(hPa)で表されることも多い。一定の体積の大気が含むことができる水蒸気量には限度があり，最大限含んだ状態が相対湿度 100 % である。

■断熱変化と雲

空気は，上昇すると膨張して温度が下がる。このときの空気の変化は周囲と熱のやりとりがない**断熱変化**である。上昇して過飽和になった空気中に，海塩粒子などの固体微粒子があると，それを核(凝結核)として雲粒(水滴や氷晶)ができる。雲粒が大きくなって落下したものを雨(液体)・雪(固体)という。

　山頂とふもとの気温をくらべると，山頂の気温の方が低く，地表から高度が増すにつれて気温が低くなっていることが多い。しかし，高度とともに気温が高くなる層が観測されることもある。

　次の図は，日本のある場所で雲のない日に観測された気温と高度の関係を示している。図の横軸は気温を示し，￢￢￢℃の等しい間隔で目盛りがふられている。ほぼ平均的な気温減率を示す層があるなかで，X，Y，Zで示した気層中では，高度が増加するにつれて気温が高くなっている。なお，図には示されていないが，気層 X は高度約 50 km まで続いている。

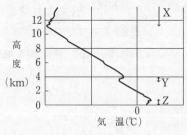

日本のある場所で観測された
気温と高度の関係
横軸の目盛りは等間隔で，
0℃の目盛りにだけ
その数値が示されている。

問1　平均的な気温減率に基づき，上の文章中の￢￢￢に入れる数値として最も適当なものを，次の①〜④のうちから一つ選べ。

　　① 3　　　② 6　　　③ 30　　　④ 60

問2　上の図に示された気層 X，Y，Z と，それら各層について述べた次の文 a 〜 c との組合せとして最も適当なものを，下の①〜⑥のうちから一つ選べ。

a　この層の上部ほど紫外線の吸収による加熱が大きい。

b　この層の下部で放射冷却が特に強い。

c　気温の異なる気団が接している。

	気層 X	気層 Y	気層 Z
①	a	b	c
②	a	c	b
③	b	a	c
④	b	c	a
⑤	c	a	b
⑥	c	b	a

解説 ・・・・・・・・・・・・・・・・・・・・・・・・・・・

問1 | **正解** | ③

　平均的な**気温減率**は **100 m につき約 0.65 ℃** である。また，図より，気温が 0 ℃ なのは高度約 2000 m，0 ℃ よりも一目盛り分だけ気温が低いのは高度約 7000 m なので，高度 7000 m での気温を計算すると

$$0 - 0.65 \times \frac{7000 - 2000}{100} = -32.5 \ (℃)$$

選択肢のうち最も近い値より，横軸の一目盛りは 30 ℃ と考えられる。

問2 | **正解** | ②

　気層 X は，高度 11 km 以上なので，**成層圏**である。成層圏では，紫外線の働きで，酸素分子がオゾンに変わる反応が起こる。また，オゾンは紫外線を吸収し，これによって温度が上昇するため，成層圏では高度とともに温度が上昇している（オゾン密度が最も大きいのはオゾン層だが，これより上空に存在するオゾンによって，紫外線の多くはオゾン層に届く前に吸収されてしまうため，高度 50 km が気温の極大になっている）。

　気層 Z は，地表に近いほど温度が低い。これは，地表付近の空気が**放射冷却**によって冷やされているためである。

　気層 Y での温度上昇は，この高度のところに前線面があり，前線面より上は暖気であるために生じていると考えられる。なお，通常，前線面の下側の空気は，冷たくて重く，上側の空気は，暖かくて軽い。

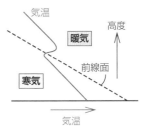

赤シートCHECK

☑ 大気は，窒素(78 %)，**酸素**(21 %)，アルゴン(0.9 %)，**二酸化炭素**(0.04 %)などから構成される。

☑ 大気圏は，低い方から順に**対流圏**，**成層圏**，**中間圏**，熱圏に区分される。**成層圏**にはオゾン層があり，太陽からの**紫外線**が吸収されている。

3-2 地球の熱収支

■太陽放射

太陽放射の大部分は**可視光線**で，次いで**赤外線**，**紫外線**が多い。

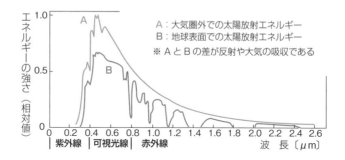

A：大気圏外での太陽放射エネルギー
B：地球表面での太陽放射エネルギー
※ AとBの差が反射や大気の吸収である

紫外線 可視光線 赤外線 波 長〔μm〕

地球が受ける太陽放射のエネルギー量を表す値に，**太陽定数**(大気圏の最上部で，太陽光に垂直な $1 m^2$ の面が1秒間に受ける太陽放射量)がある。この値は，$1.37 kW/m^2$ で，$1 m^2$ 当たり毎秒 1370 J（ジュール）のエネルギーを受けている。地球が1秒間に受ける太陽エネルギーの総量は，太陽定数に地球の断面積をかけた値に等しい。この総量を地表の全表面で平均すると，太陽定数の 1/4 に等しい。

1秒間当たりに地球が受ける
太陽エネルギー（Sは太陽定数）

$$S \times \pi R^2$$

地球全表面で平均すると

$$\frac{S \times \pi R^2}{4\pi R^2} = \frac{1}{4} \times S$$

太陽放射　面積 πR^2　表面積 $4\pi R^2$

■地球の熱（エネルギー）収支

地球に到達した太陽光のうち，約 30 % は，地表での反射や大気・雲による散乱のため，**宇宙空間に戻される**(この入射に対する反射の割合は**アルベド**とよばれる)。また，約 20 % は，**大気に吸収される**。これは，熱圏や成層圏での紫外線の吸収，雲による吸収，水蒸気や二酸化炭素による赤外線の吸収などである。したがって，**地表に吸収される**のは約 50 % である。これらの数値は覚えておいた方がよい。

地表や大気は太陽放射を吸収し，赤外線を放射する。地球から大気圏外に向かうこの赤外放射を**地球放射**という。地球放射の量は，地球が吸収した太陽放射の量に等しい。

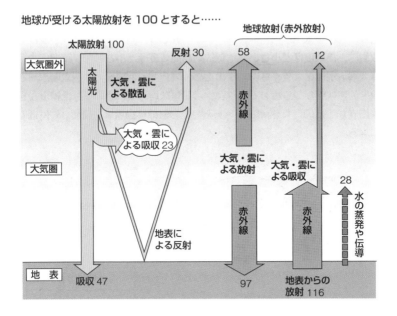

地球が受ける太陽放射を 100 とすると……

大気中に温室効果ガスがない場合，地表から放射された赤外線は，吸収されることなく大気圏外へと放射される。しかし，温室効果ガスがある場合には，地表からの赤外線の多くが大気に吸収される。太陽放射がない夜間は，赤外放射によってどんどん温度が下がる（これを**放射冷却**という）が，大気が地表からエネルギーを受け取ることで，気温の低下がかなり抑えられる。また，大気からの赤外放射が再び地表に吸収されるため，地表の温度低下も抑えられる。大気のこのような働きを**温室効果**といい，温室効果が顕著な気体である<u>水蒸気</u>や<u>二酸化炭素</u>，<u>メタン</u>は，**温室効果ガス**とよばれる。

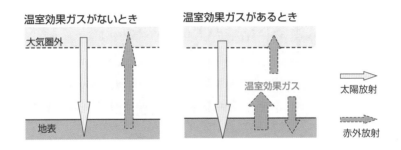

■緯度別熱収支

　地表が受ける太陽放射量は緯度によって異なり，同じ面積の**地表が受ける太陽放射**は，**高緯度ほど**<u>小さい</u>。地球放射も高緯度ほど小さいが，緯度による違いは太陽放射ほど大きくない。このため，高緯度・低緯度では，太陽放射と地球放射の熱収支がつり合っていない。この差を埋めているのが，低緯度から高緯度に向かう熱の流れ（熱輸送）である。この熱の移動量は，**緯度** <u>35°</u> **付近で最大**になる。

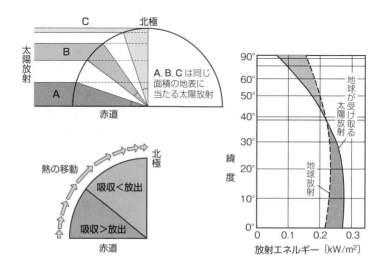

　熱輸送は**大気と海水の循環**という形で現れる。大気による熱輸送には，暖かい空気や冷たい空気の移動と，水蒸気による輸送がある。海水については，移動速度は大気より小さいが，熱容量が大きいので，輸送される熱量は大きい。

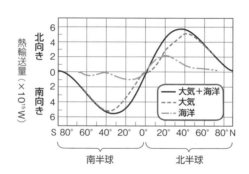

標準マスター

　地球は球形であるため，太陽放射の入射量は緯度によって異なっている。一方，地球放射も，地球表面と大気の温度分布などにより，場所によって異なっている。太陽放射の入射量と地球放射をそれぞれ緯度ごとに平均したとき，その緯度分布を示す模式図として最も適当なものはどれか。次の①〜④のうちから一つ選べ。

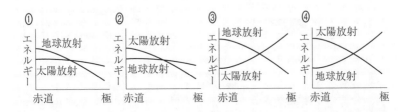

解説 ・・・・・・・・・・・・・・・・・・・・・・・・・・・・・・・・・・・・・

　正解　②

　地球が受ける**太陽放射**は，**高緯度ほど小さい**。また，**地球放射**も，**高緯度ほど小さい**。ただし，**地球放射の方が**，太陽放射に比べると，**緯度による違いが小さい**。

赤シートCHECK

☑電磁波を波長の短いものから順に並べると，<ruby>γ<rt>ガンマ</rt></ruby> 線，X 線，<u>紫外線</u>，<u>可視光線</u>，<u>赤外線</u>，電波となる。このうち，太陽放射の大部分を占めるのは，<u>可視光線</u>である。

☑大気圏の最上部で，太陽光に垂直な 1 m² の面が 1 秒間に受ける太陽放射量を<u>太陽定数</u>という。

☑<u>温室効果ガス</u>(赤外線を吸収する気体)には，<u>水蒸気</u>，<u>二酸化炭素</u>，メタンなどがある。

☑地表付近では，<u>低緯度</u>地域から<u>高緯度</u>地域への熱輸送が起こっている。

3-3 大気と海水の循環

■大気の大循環

　地球上の大気は，高緯度地域と低緯度地域の温度差や，地球の自転が主な原因となって，地球規模の大循環をしている。北半球では進行方向に対して右向き（南半球では左向き）にコリオリの力（転向力）が働くことを知っていれば，大気の流れの理解がスムーズである。

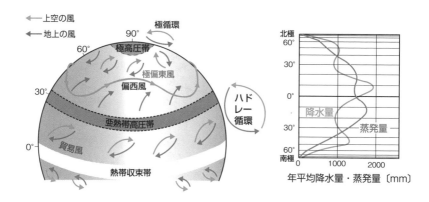

　赤道付近では，暖められた空気が上昇し，圏界面に沿って高緯度に向かうが，緯度30°付近で西風になって下降する（北半球では北に向かう風が右向きのコリオリの力を受けて，西から東に向かう風となる）。このため，この地域に高圧帯を形成する。これが**亜熱帯高圧帯**である。この高圧帯から低緯度側に吹き出した風が<u>貿易風</u>であり，北半球では北東の風，南半球では南東の風になる。この低緯度帯の循環を<u>ハドレー循環</u>という。

　一方，亜熱帯高圧帯から高緯度側に吹き出した風は，西風になる。これが<u>偏西風</u>である。偏西風の中でも，対流圏の上層を吹く特に強い風を<u>ジェット気流</u>という。中緯度では，偏西風が蛇行して北の寒気が南へ，南の暖気が北へ移動することで熱が運ばれている。

　極地方では空気が冷やされて下降する。北半球の場合，これが南下すると，コリオリの力によって右（西）に向きを変えて**極偏東風**となり，その後，緯度60°付近で上昇して循環している（**極循環**。同様の循環は南半球にもある）。

　熱帯収束帯では空気の上昇によって積乱雲が発達しやすいため降水量が多く，熱帯雨林ができる。一方，亜熱帯高圧帯では空気が下降するため晴れることが多く，乾燥して砂漠になることが多い。右上図では，降水量と蒸発量がつり合っていない地域が多いが，この差を埋めるように，水蒸気が大気の循環により輸送されている。

■海水の塩分

海水中に溶けた固形物質のほとんどは**塩化ナトリウム**（NaCl）や塩化マグネシウム（$MgCl_2$）などの塩類である。海水の**塩分**は，海水 1 kg 中の塩類の質量で表され，およそ <u>35</u> g である。

■海洋の層構造

海水は，太陽のエネルギーによって表面から加熱されるため，大気ほど複雑な温度変化はしない。

表層混合層	海水が太陽のエネルギーで暖められ，波などにより混合されているところ
水温躍層（主水温躍層）	水温が深さとともに低下するところ
深層	水温が 0 °C に近く，水温変化も小さいところ（約 1000 m 以深）

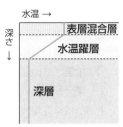

■海流

海流は風の影響を受けて，貿易風帯では東から西へ，偏西風帯では西から東へ流れる。このため，亜熱帯域では北半球で時計回り，南半球で反時計回りの**環流**となる。こうした海洋表層の循環は，風によって引き起こされるため，**風成循環**とよばれる。

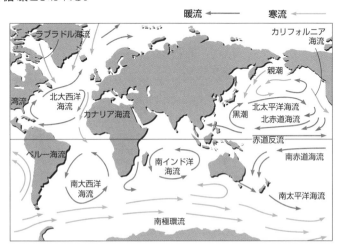

暖流 ←　　　寒流 ←

ラブラドル海流　　カリフォルニア海流
親潮
湾流　北大西洋海流　カナリア海流　黒潮　北太平洋海流　北赤道海流
赤道反流
ペルー海流　南インド洋海流　南赤道海流
南大西洋海流　南太平洋海流
南極環流

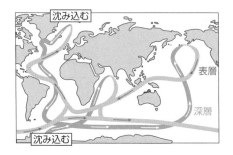

海水の水平方向の動きには風が影響しているが，鉛直方向の動きには**海水の密度差**が影響している。海水の密度差は，次のような原因で生じる。

① **水温**が低いほど，密度が大きい。

② **塩分**が高いほど，密度が大きい。

水温が低くて塩分が高い海水は，**北大西洋グリーンランド沖**や**南極大陸の周辺**といった，海水が冷やされて凍結するようなところで生じ，ここで沈み込んだ海水は海洋の深部をゆっくり流れ，インド洋北部や北太平洋北部で上昇する。このような海水の循環（**深層循環**）は，**1000〜2000 年**くらいかかると考えられている（深層の流れは，表層の海流に比べるときわめて遅い）。

■エルニーニョ現象

通常，赤道太平洋の暖かい海水は，貿易風（東風）によって西側に運ばれるため，東側では深海からの湧昇流（ゆうしょうりゅう）が起こり，水温が低くなっている。しかし，何らかの原因で**貿易風が**<u>弱まる</u>と，暖水域が東に広がり，東側の暖水層が厚くなり，湧昇流が抑えられるので，東側の水温が高くなる。これが**エルニーニョ現象**で，大気の循環にも影響を与える。

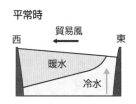

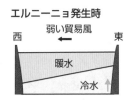

エルニーニョ現象とは逆に，赤道太平洋東側での水温が低くなる現象を**ラニーニャ現象**という。

標準マスター

海洋の温度や塩分に関する文として最も適当なものを、次の①～④のうちから一つ選べ。

① 表層混合層の水温は深層の水温よりも低い。

② 外洋での海面付近の塩分は、降水量と蒸発量によって変化する。

③ 海水に最も多く溶けている塩類は、塩化マグネシウムである。

④ 海水の密度は水温のみによって決まり、塩分には依存しない。

解説・・・・・・・・・・・・・・・・・・・・・・・・・・・・・・・・

正解 ②

① 海面付近の表層混合層では水温は鉛直方向にほぼ一様だが、その下の水温躍層では深さとともに水温が急激に下がる。さらにその下の深層では、場所や季節によらず水温は 0 ℃ に近く、ほぼ一定である。

② 外洋の海面付近の**塩分は、降水量と蒸発量のバランスによって変化**し、蒸発量の方が多いところでは塩分が高い。

③ 海水に最も多く溶けている塩類は、**塩化ナトリウム**(食塩)である。

④ 塩分が高いほど、海水の密度は大きい。

赤シートCHECK

☑亜熱帯高圧帯から熱帯収束帯に向かって吹く東寄りの風を貿易風という。また、亜熱帯高圧帯よりも高緯度帯で吹く西風を偏西風という。

☑海水 1 kg 中には約 35 g の塩類が含まれる。

☑海水中の主な塩類には、**塩化ナトリウム**($NaCl$)や塩化マグネシウム($MgCl_2$)がある。

☑海洋は、深さによる温度変化によって、表面に近い方から順に、**表層混合層、水温躍層、深層**に区分される。

☑貿易風が弱まり赤道太平洋東部の水温が上がることを**エルニーニョ現象**という。これとは逆に、貿易風が強まり、赤道太平洋東部の水温が下がることを**ラニーニャ現象**という。

■温帯低気圧と前線

偏西風帯では，偏西風の蛇行によって，北からの冷たい空気と南からの暖かい空気がぶつかることで，前線をともなう**温帯低気圧**が発生し，偏西風に乗って西から東に進む。

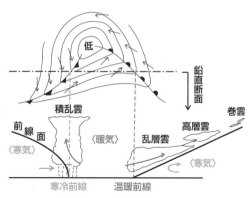

寒冷前線は，前線面が地表となす角度が急なので，鉛直方向の上昇気流が生じやすく，**積乱雲**が発生しやすい。このため，**狭い範囲で強い雨**になることが多い。一方，**温暖前線**は，前線面が地表となす角度が緩やかなので，上昇気流も緩やかで，広い範囲に層状の雲が広がる。前線付近では，**乱層雲**によって，**しとしとと長時間雨が降る**ことが多い。

■台風と梅雨・秋雨

北太平洋西部の海上で発生する熱帯低気圧のうち，最大風速が約 $\underline{17}$ m/s 以上のものを**台風**という。台風は**潜熱**をエネルギー源とし，前線をともなわない。大型の台風は，中心に台風の目という風が弱く雲のない部分がある。

梅雨期には，オホーツク海高気圧と太平洋（小笠原，北太平洋）高気圧の間に**梅雨前線**ができる。また，秋の初めには，大陸からの冷たい高気圧が南下してくるため，**秋雨前線**ができる。

■日本の天気

春・秋	**移動性高気圧**と**温帯低気圧**が交互に通過し，変わりやすい天気。
夏	太平洋高気圧の影響で高温多湿。気圧配置は**南高北低**。
冬	シベリア高気圧の影響で，北西の季節風が強い。気圧配置は**西高東低**。日本海に筋状の雲。日本海側は雪，太平洋側は晴れ。

春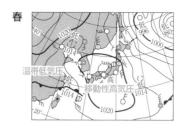

梅雨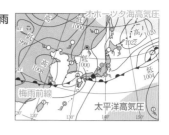

夏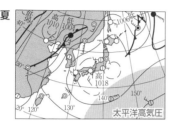

冬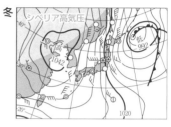

標準マスター

台風の特徴を述べた文として**誤っているもの**を，次の①～④のうちから一つ選べ。

① 中心付近から温暖前線や寒冷前線が伸びていることが多い。

② 等圧線はほぼ円形で，中心の周りに同心円状になっていることが多い。

③ 北半球では，進行方向の右側の風速が左側のそれよりも大きいことが多い。

④ 目の部分では，風が弱く青空が見えることもある。

解説 •

正解 ①

台風は熱帯の暖かい海で誕生するので，寒気と暖気の境界がなく，**前線をともなわない**。なお，台風の進行方向の右側は，台風を押し流す大気の流れの向きと，台風の風の向きが一致するため，風が強いことが多い。

 赤シートCHECK

☑中緯度に生じる前線をともなう低気圧を**温帯低気圧**という。

☑熱帯低気圧のうち，最大風速が約 17 m/s 以上のものを，台風という。

解答は別冊 12～17 ページ

21 　山に登ると，高くなるにつれて気温が徐々に低くなることを体験する。しかし，気温は高度とともにどこまでも低くなっていくわけではない。上空の気温は季節や場所によって変わるが，平均的には下の図のような複雑な鉛直分布になっている。(a)大気圏は気温の鉛直分布の特徴に基づいて区分され，名称が与えられている。気圧は，気温と違って高度とともに単調に低くなり，(b)高度が 16 km 増すごとに気圧は約 1/10 になることが知られている。

　水蒸気を除いた地上付近の大気組成は，どこでもほぼ一定であることがかなりの昔から分かっていた。比較的近年になってロケットによる観測ができるようになった結果，水蒸気やオゾン以外の大気組成は，地上付近だけでなく約 ア km の高さまでほぼ一定であることが分かった。このことは，さまざまな運動に伴って，大気がこの高さまで上下方向によく混合されていることを意味している。

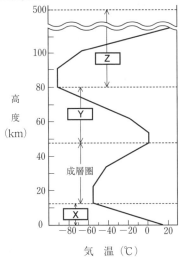

問1　上の文章中の下線部(a)に関連して，上の図中の空欄 X ～ Z に入れる語の組合せとして最も適当なものを，次の①～⑥のうちから一つ選べ。

	X	Y	Z
①	熱　圏	対流圏	中間圏
②	対流圏	中間圏	熱　圏
③	中間圏	対流圏	熱　圏
④	熱　圏	中間圏	対流圏
⑤	対流圏	熱　圏	中間圏
⑥	中間圏	熱　圏	対流圏

問2 前ページの文章中の下線部(b)に関連して，高度 48 km での気圧は高度 0 km での気圧のおよそ何倍か。最も適当なものを，次の①〜④のうちから一つ選べ。

① $\dfrac{1}{30}$ 倍　　② $\dfrac{1}{100}$ 倍　　③ $\dfrac{1}{300}$ 倍　　④ $\dfrac{1}{1000}$ 倍

問3 前ページの文章中の空欄 $\boxed{\text{ア}}$ に入れる数値として最も適当なものを，次の①〜④のうちから一つ選べ。

① 12　　② 48　　③ 80　　④ 500

22 右の図の曲線は温度と飽和水蒸気圧の関係を示している。大気中の水蒸気圧が何らかの過程で飽和水蒸気圧を超えると水蒸気の一部は凝結し，雲・霧・露などが生じる。

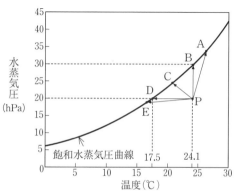

(a)ある地点における地表付近の気温と露点（露点温度）を測定したところ，それぞれ 24.1 ℃ と 17.5 ℃ であった。図中の P 点は，そこでの気温と水蒸気圧を示している。この状態の空気塊が(b)上昇して断熱膨張すると，ある高さで相対湿度が 100 ％（飽和状態）になり雲が生じ始める。

問1 上の文章中の下線部(a)に関連して，この地点での相対湿度として最も適当な数値を，次の①〜④のうちから一つ選べ。

① 61 ％　　② 67 ％　　③ 73 ％　　④ 79 ％

問2 上の文章中の下線部(b)に関連して，空気塊が飽和に達する道筋を示すものは図の PA 〜 PE のうちどれか。最も適当なものを，次の①〜⑤のうちから一つ選べ。ただし，空気塊が地表付近から上昇すると，周りの気圧の低下に伴い空気塊の気圧も下がって膨張する。また，水蒸気圧と気圧の比は一定であるとする。

① PA　　② PB　　③ PC　　④ PD　　⑤ PE

23 海水には塩化ナトリウム，塩化マグネシウムなどの塩類がイオンとして存在し，塩類の組成比は海の場所や深さで ア 。海水の塩分は地球全体の平均で海水1kg中およそ35gであるが，海洋上の降水量と蒸発量との差は緯度により異なるため，塩分は海域によって多少変化する。亜熱帯の海洋上では蒸発量が降水量を上回り，赤道付近の海洋上では降水量が蒸発量を上回る。このため，海面付近の塩分は亜熱帯より赤道付近のほうが イ 。極域で海水が凍ると，氷の周辺にある海水の塩分は ウ する。水温躍層より深部に存在する深層水は，海氷周辺の海水が海面での冷却を受けてつくられる。

問1 上の文章中の ア ～ ウ に入れる語句の組合せとして最も適当なものを，次の①～⑧のうちから一つ選べ。

	ア	イ	ウ
①	ほとんど変化しない	高い	増加
②	ほとんど変化しない	高い	減少
③	ほとんど変化しない	低い	増加
④	ほとんど変化しない	低い	減少
⑤	大きく変化する	高い	増加
⑥	大きく変化する	高い	減少
⑦	大きく変化する	低い	増加
⑧	大きく変化する	低い	減少

問2 上の文章中の下線部に関連して，深層水について述べた文として最も適当なものを，次の①～④のうちから一つ選べ。

① 赤道と北緯50度付近との水温差は，海洋の表層でも深層でもほぼ同じである。

② 北大西洋北部でつくられた深層水は，赤道を越えて南半球に流入する。

③ エルニーニョは，深層より湧き上がる流れがペルー沖で強まるときに生じる。

④ 深層水が占める体積は，海洋全体の30％程度である。

24 大気の循環の源は，地球が受ける太陽放射エネルギーである。太陽放射エネルギーを波長別でみると，その最大は　ア　の波長帯にある。一方，地球放射のエネルギーの最大は赤外線の波長帯にある。緯度別でみると，1年間の平均では赤道付近が極付近より多くの太陽放射エネルギーを受ける。海洋と大気の循環が低緯度から高緯度へエネルギーを運ぶため，1年間の平均で考えると，赤道付近では地球放射のエネルギーは太陽放射エネルギーより　イ　なる。また，大気の温室効果により，地表近くの年平均気温は温室効果のない場合より高くなっている。

問1 上の文章中の空欄　ア　・　イ　に入れる語の組合せとして最も適当なものを，次の①～④のうちから一つ選べ。

	ア	イ
①	紫外線	大きく
②	紫外線	小さく
③	可視光線	大きく
④	可視光線	小さく

問2 上の文章中の下線部に関連して，放射とエネルギー収支に関して述べた文として最も適当なものを，次の①～④のうちから一つ選べ。
① 大気中の水蒸気は，太陽放射や地球放射を吸収せず，地球全体のエネルギー収支に影響を与えない。
② 地球全体では，地球が受ける太陽放射エネルギーの約 30 % を赤外線として宇宙へ放射する。
③ 大気は，地表から放射される赤外線の大部分を吸収する。
④ 大気は，太陽からの紫外線のほとんどを通過させる。

問3 大気の平均的な鉛直方向の構造について述べた文として最も適当なものを，次の①～④のうちから一つ選べ。
① 成層圏では，上空ほど気温が低くなっている。
② 中間圏には，オゾンを多く含むオゾン層が存在している。
③ 圏界面付近には，電離したイオンや電子が多い層(電離層)が存在する。
④ 大気中の窒素の割合(体積比)は，地表から高度約 80 km までほぼ同じである。

25 次の図は，地球による太陽放射の吸収量と地球からの放射量（地球放射量）の緯度分布を，模式的に示したものである。太陽放射吸収量は低緯度ほど多く，高緯度では少ない。一方，地球放射量は温度が高い低緯度で多く，温度が低い高緯度では少ないが，緯度による差は太陽放射吸収量ほど大きくない。したがって，放射だけを考えると，低緯度でエネルギーが余り，高緯度でエネルギーが不足することになる。この過不足は，南北方向の熱輸送により解消されている。

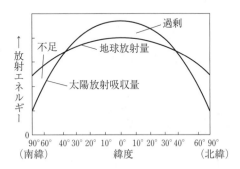

問1 南北方向の熱輸送を示す図として最も適当なものを，次の①〜④のうちから一つ選べ。ただし，南から北への熱輸送量を正とし，北から南への熱輸送量を負とする。

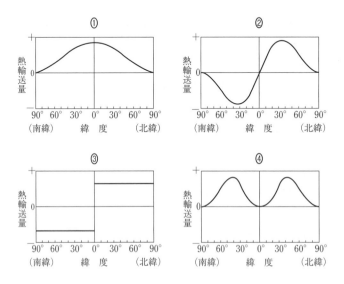

問2　南北方向の熱輸送について述べた文として最も適当なものを，次の①
　　〜④のうちから一つ選べ。
　　①　大気の運動による熱輸送は無視できる。
　　②　津波による熱輸送は重要である。
　　③　海流による熱輸送は重要である。
　　④　地殻中の熱伝導は重要である。

問3　南北方向の熱輸送がなくなったと仮定すると，大気および地球表面の
　　温度と地球の熱収支はどのように変化すると考えられるか。次の①〜④
　　のうちから最も適当なものを一つ選べ。
　　①　温度は変化せずに，各緯度で，太陽放射吸収量と地球放射量とが一
　　　　致するように変化する。
　　②　温度は低緯度で上がり，高緯度で下がるが，各緯度での太陽放射吸
　　　　収量と地球放射量は変化しない。
　　③　温度が低緯度で下がり，高緯度で上がり，各緯度で，太陽放射吸収
　　　　量と地球放射量とが一致するように変化する。
　　④　温度が低緯度で上がり，高緯度で下がり，各緯度で，太陽放射吸収
　　　　量と地球放射量とが一致するように変化する。

26　エルニーニョ，あるいはそれに伴う現象について述べた文として**誤って
いるもの**を，次の①〜⑤のうちから一つ選べ。
①　赤道太平洋東部で，カタクチイワシの漁獲量が大きく減少する。
②　赤道太平洋の大気と海洋が，風や水温を通して影響しあうことで生じる。
③　南米のペルー沖で，深い層から海水が活発に湧き上がる。
④　普段は雨がほとんど降らないペルーの海岸砂漠でも雨が降る。
⑤　低緯度域だけでなく，世界の気象に影響を及ぼす。

27 大気中に水蒸気や雲として存在する水の全質量は，およそ14兆トン（140 × 10¹⁴ kg）と見積もられている。次の図は大気への水の出入りを表す模式図である。上向きの矢印は蒸発，下向きの矢印は降水を示し，数値は1日あたりの量を示す。海面と陸面では蒸発量と降水量の大小関係が逆であり，大気を介して ア ×10¹⁴ kg/日の量の水が イ に運ばれる。

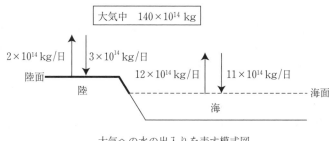

大気への水の出入りを表す模式図

問1 上の文章中の空欄 ア ・ イ に入れる数値と語句の組合せとして最も適当なものを，次の①〜④のうちから一つ選べ。

	ア	イ
①	1	海から陸
②	1	陸から海
③	9	海から陸
④	9	陸から海

問2 上の文章中の下線部に関連して，大気中に存在する水は，陸面および海面への何日分の降水量に相当すると見積もられるか。最も適当な数値を，次の①〜④のうちから一つ選べ。

① 5   ② 10   ③ 70   ④ 140

28 海洋には，深層循環と呼ばれる，表層から深さ数千 m にまで及ぶ海水の循環があり，長期的な地球の気候を決める重要な要因となっている。ある特定の場所で沈み込んだ海水は，深層をゆっくりと流れ，地球の大洋をめぐると考えられている。次の図に示すように，深層循環は各大洋をつなぐベルトコンベアーにたとえられ，沈み込んだ海水が再び表層近くへ上昇するまでに◻◻◻年を要すると考えられている。この年数と深層循環の経路の長さ数万 km を用いると，深層の流れの平均的な速さは 1 mm/s 程度と見積もることができる。

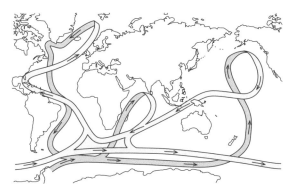

ベルトコンベアーにたとえられる深層循環の模式図
図中の矢印は流れの向きを示す。

問1 上の文章中の下線部に関連して，深層循環形成のおもな原因を述べた文として最も適当なものを，次の ①〜④ のうちから一つ選べ。

① 風によって形成された表層の海流が，高緯度で深層にもぐり込むため

② 盛んな蒸発によって重くなった海水がその場で沈み込むため

③ 高緯度で冷却され，さらに結氷による高塩分化の影響を受けて重くなった海水が沈み込むため

④ 地熱によって暖められた深層水が，低・中緯度でゆっくりと上昇するため

問2 上の文章中の空欄◻◻◻に入れる数値として最も適当なものを，次の ①〜④ のうちから一つ選べ。

① 5〜10　　② 50〜100　　③ 1000〜2000　　④ 10000〜20000

29 ジェット気流に関する説明として**誤っているもの**を，次の⓪〜④のうちから一つ選べ。

⓪ 気温の南北差が大きい緯度帯の上空に存在する。

② 南半球では東から西に向かって流れる偏東風である。

③ 南北に蛇行しながら流れる。

④ 強いときには風速が 50 m/s をこえる。

30 温帯低気圧について述べた文として最も適当なものを，次の⓪〜④のうちから一つ選べ。

⓪ 温帯低気圧は，上層の偏西風の蛇行に伴って発生する。

② 温帯低気圧は，上層の風に流されて，東から西へ移動している。

③ 温帯低気圧は，熱を高緯度から低緯度へ運んでいる。

④ 温帯低気圧は，水蒸気の凝結に伴う潜熱をおもなエネルギー源としている。

31 台風について述べた文として**誤っているもの**を，次の⓪〜④のうちから一つ選べ。

⓪ 台風は，海面水温の高い低緯度の海洋上で発生する。

② 台風の進路は，太平洋高気圧(北太平洋高気圧)の強さや偏西風の状態に影響される。

③ 台風は，上陸すると地表面からの熱輸送が大きくなるので，発達する。

④ 台風に伴う風は，一般に，中心から 50〜100 km のところで最も強く，それより中心に近づくと弱くなる。

32 雲の形態は千差万別である。日本では昔から特徴的な形の雲に対して，「入道雲」や「おぼろ雲」といった名称をつけ，親しんできた。雲の形態を科学的に分類しようという試みがなされたのは 19 世紀初めのことである。現在では雲が現れる高さと形から 10 種類の基本形に分けられている。

　低気圧に伴って，いろいろな形態の雲が観察されるが，次ページの図に示されるように，温暖前線の付近と寒冷前線の付近では観察される雲に違いがある。

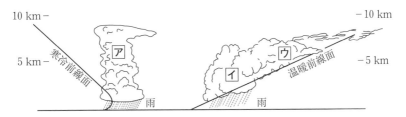

気象衛星による観測が始まって，地球をおおう雲の分布の特徴を知ることができるようになった。気象衛星「ひまわり」で撮影された雲画像を見ると，熱帯太平洋では活発な上昇気流の存在を示す雲の塊が東西に並び，その高緯度側には雲がほとんど見られない区域があることに気がつく。

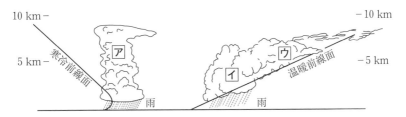

前線の鉛直断面のモデル図。水平方向と鉛直方向の縮尺を変えてある。

問1 前ページの文章中の下線部に関連して，図の空欄 ア ～ ウ に入れる雲の組合せとして，最も適当なものを，次の①～⑥のうちから一つ選べ。

	ア	イ	ウ
①	乱層雲	積乱雲	高層雲
②	積乱雲	乱層雲	高層雲
③	乱層雲	高層雲	積乱雲
④	積乱雲	高層雲	乱層雲
⑤	高層雲	乱層雲	積乱雲
⑥	高層雲	積乱雲	乱層雲

問2 大気の大循環を考えると，赤道付近で上昇し，上空を高緯度に向かって流れた空気は，その後どのように流れて赤道付近にもどるか。最も適当なものを，次の①～④のうちから一つ選べ。
① 極で冷却されて下降し，東向きの流れとなって低緯度にもどる。
② 極で冷却されて下降し，西向きの流れとなって低緯度にもどる。
③ 亜熱帯高圧帯で下降し，西向きの流れとなって低緯度にもどる。
④ 亜熱帯高圧帯で下降し，東向きの流れとなって低緯度にもどる。

宇宙はどこまで広がっているか？

～太陽系の果て～

　近年，観測技術の発達により，海王星より遠い部分の太陽系の研究が進み，冥王星以遠の太陽系外縁天体も多数発見されています。冥王星よりもずっと遠いところには，「オールトの雲」とよばれるたくさんの小さな天体が，球殻状に太陽を取り巻いていると考えられています。太陽からオールトの雲までの距離は数万天文単位（1 天文単位は太陽 − 地球間の平均距離で約 1.5 億 km）といわれていますが，オールトの雲は直接観測されたわけではありません。彗星（下の写真参照）の一部は，オールトの雲に由来すると考えられています。

　2012 年には，宇宙探査機のボイジャー1 号が，太陽圏（太陽風の届く範囲）の外に出たとみられています。これは，探査機周辺の物質や，その状態の観測から判断したそうです。太陽圏の果ては，太陽から約 120 天文単位くらいのところで，これは，光の速さでも 17 時間くらいかかる距離です。

　それでは，太陽系の果てはどこでしょうか。オールトの雲までが太陽系だと考えると，太陽系はかなり広大です。この場合，現在，地球から最も遠く離れた人工物であるボイジャー1 号は，太陽系の果てまでの道のりのわずか数百分の 1 しか進んでいないことになります。

～宇宙の果て～

広大な砂漠の真ん中から周りを見渡すと，どこまで見えるでしょうか。見える限界は，地平線です。しかし，地平線より向こうの世界はないかというと，そんなことはなく，砂漠は地平線の向こうにも広がっています。

宇宙も同じように考えることができて，わたしたちが観測できる限界は，「宇宙の地平線」とよばれています。観測可能な宇宙の領域の境界が「宇宙の果て」ですが，「果て」とよぶと，これより向こうには何もないように聞こえるので，あまり適切な言葉ではないかもしれません。

上の写真は，わたしたちのいる銀河（銀河系）の近傍にあるアンドロメダ銀河で，地球から約230万光年（1光年は光が1年間に進む距離で約10兆km）離れたところにあります。これは，わたしたちが見ているアンドロメダ銀河は，230万年前に銀河を出た光ということを意味します。つまり，わたしたちは過去の世界（230万年前のアンドロメダ銀河）を見ていることになります。同様に，地球から10億光年離れたところにある銀河の観測では，10億年前の姿を見ていることになります。

このため，遠くの天体を観測することは，宇宙の広がりを知るだけでなく，宇宙の進化を知ることにもつながります。とはいえ，遠くの天体からやってくる光はかすかなので，大きな望遠鏡が必要です。巨大な望遠鏡を用いた観測や，光以外の重力波などの観測により，これからも，宇宙の広がりや進化が明らかになっていくことでしょう。

（写真提供：NASA）

4-1 宇宙と太陽の誕生

■宇宙の誕生

　今から 138 億年前，超高温・高密度の状態から爆発的に膨張すること（**ビッグバン**）で宇宙が始まった。宇宙が誕生した直後には大量の素粒子が生まれた。宇宙が膨張するとともに温度が下がると，宇宙誕生から 10 万分の 1 秒後には素粒子が集まって陽子や中性子ができ，3 分後には陽子と中性子が結びついて**ヘリウムの原子核**が合成された。

　水素の原子核（陽子）やヘリウムの原子核ができた後も，自由に運動する電子が光をさえぎるため，宇宙は霧が立ち込めたように見通せない状況だった。宇宙誕生から 38 万年後に宇宙の温度が 3000 K まで下がると，水素の原子核・ヘリウムの原子核と電子が結びついて水素原子・ヘリウム原子ができた。光をさえぎっていた電子が急減したことで，宇宙は霧が晴れたように遠くまで見通せるようになったため，これを**宇宙の晴れ上がり**という。我々は光を観測することで昔の宇宙の姿を知ることができるが，宇宙の晴れ上がり以前の姿は光で観測することができない。

　宇宙の晴れ上がりの数億年後には最初の恒星（太陽のように自ら輝く星）が誕生し，その後，銀河が誕生していった。

■銀河と銀河系

　銀河は数億〜1 兆個程度の恒星の大集団であり，地球が属する銀河を**銀河系**（天の川銀河）という。天の川は地球から銀河系の円盤部の方を見たものである（右図参照）。

　銀河系には 1000 億個以上の恒星が，直径 **10 万光年**の円盤状に集まって分布している。なお，1 光年は光が 1 年かけて進む距離のことである（光は 1 秒間に約 30 万 km 進む）。

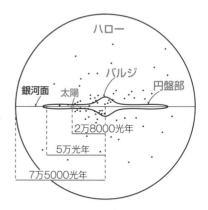

　星と星の間には水素やヘリウムといったガス（星間ガス）や，固体の塵（星間塵）が存在し，これらをまとめて**星間物質**という。星間物質がまわりより密に集まっている部分は**星間雲**とよばれる。なお，近くにある明るい星の光を受けて星間雲が輝くと，オリオン大星雲のような**散光星雲**として観測される。また，星の手前にある星間雲が星の光をさえぎると，**暗黒星雲**として観測される。

バルジ	銀河中央部のふくらみで，年老いた恒星が多く分布する。なお，銀河系の中心は地球から見て「いて座」の方向にあり，中心には太陽の430万倍の質量をもつ巨大ブラックホールがある。
円盤部 （ディスク）	バルジから連続的につながる薄い円盤状の部分。銀河系では渦巻き状の構造が見られる。星間物質や若い恒星が多く分布する。
ハロー	銀河を取り囲む領域。年老いた恒星が100万個程度集まった星の集団が分布する領域。

■太陽の誕生

　星間雲が収縮してある程度密集した部分では，自身の重力によって収縮が続くと，収縮によって重力による位置エネルギーが熱に変換されることで中心部の温度が上がり，中心部が輝き始める。この段階の星は原始星（げんしせい）とよばれ，太陽の場合は原始太陽という。原始太陽の状態は3000万年ほど続いた。

　今から46億年前，原始太陽がさらに収縮して中心の温度が1000万Kを超えると，中心部で水素の核融合が始まり，太陽が誕生した。このように中心部で水素の核融合が起こる段階の星は主系列星（しゅけいれつせい）とよばれる。主系列星は重力によって収縮しようとする力と核融合によって膨張しようとする力がつり合う安定した状態にあり，太陽が主系列星である期間は100億年程度と考えられている（このうち46億年は既に過ぎている）。

■太陽のエネルギー源

　一般に，星の中心部が1000万Kを超えると，4個の水素の原子核（陽子）が1個のヘリウムの原子核に変わる核融合が起こる。太陽の中心部は高圧で，温度は1600万Kあるため，太陽中心部でも核融合が起こっており，これが太陽のエネルギー源となっている。中心部で生じたエネルギーは放射や対流によって太陽表面まで運ばれ，表面からは主に可視光線として放射される。

■太陽の概観

太陽は，半径が地球のおよそ100倍（70万km）の巨大なガス球であり，自ら輝く恒星である。

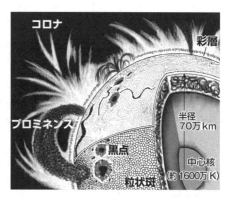

光球（こうきゅう）	太陽表面の光が出ている層。表面温度 6000 K。中心部から対流によってエネルギーが運ばれる際，対流の上昇部は明るく，下降部は暗く見えるため，粒状斑（りゅうじょうはん）という粒状の模様が見られる。
黒点	光球に見られる，光球よりも温度が低い（4000 K）部分。磁場の影響で内部からのエネルギーの上昇がさえぎられた部分であり，温度が低いために黒く見える（逆に，まわりより温度が高いため白く見える部分は白斑（はくはん）とよばれる）。黒点の数が多いときは太陽活動が活発である。太陽の自転に伴い移動するように見える。
彩層（さいそう）	光球の外側にある大気の層（数 1000 K）。皆既日食のとき赤色に見える。
コロナ	彩層の外側にある希薄な大気（200 万 K）。皆既日食のとき真珠色に見える。
プロミネンス（紅炎）（こうえん）	皆既日食のとき彩層の外側に見られる赤い炎状のもので，コロナ中に浮いている，コロナよりも低温で高密度のガス。
太陽風	コロナから吹き出す高温・高速の電気を帯びた粒子の流れ。

■太陽の元素組成

　太陽の構成元素（原子の個数比）は，水素 92 %，ヘリウム 8 %，その他（酸素や炭素など）0.1 % 程度である。この割合は，一般の恒星や星間ガスについてもほとんど違いはなく，現在の宇宙の元素組成の平均的な値とほぼ等しいと考えられている。

標準マスター

　宇宙の進化について述べた文として最も適当なものを，次の①〜④のうちから一つ選べ。

① 宇宙の誕生から 10 万分の 1 秒後までに，水素とヘリウムの原子核がつくられた。

② 宇宙の誕生から 38 万年後に，水素の原子核が電子と結合した。

③ 宇宙の誕生から 46 億年後に，太陽が誕生した。

④ 宇宙の誕生から現在までに，318 億年が経過した。

正解　②

① 水素の原子核（陽子）がつくられ，さらにヘリウムの原子核がつくられるまでの変化は，宇宙の誕生から 3 分間のできごとであると考えられている。

② 宇宙の誕生から 38 万年後に，宇宙の温度が下がり，水素の原子核（陽子）やヘリウムの原子核と電子が結合したことにより，それまで電子に阻まれていた光が直進できるようになった（**宇宙の晴れ上がり**）。

③ 太陽は今から 46 億年前（宇宙の誕生から 92 億年後）に誕生した。

④ 宇宙の誕生から現在までに 138 億年が経過した。

星間雲に関して述べた次の文中の空欄 ア ・ イ に入れる語の組合せとして最も適当なものを，後の①〜⑥のうちから一つ選べ。

　星間雲を構成する星間ガスの主成分は ア であり，星間雲の中のとくに密度が高い部分が イ によって収縮することで原始星が生まれる。

	ア	イ
①	水　素	重　力
②	水　素	核融合
③	炭　素	重　力
④	炭　素	核融合
⑤	酸　素	重　力
⑥	酸　素	核融合

正解　①

　宇宙空間には，恒星以外の場所にも星間物質があり，星間雲は星間物質がとくに濃い部分である。星間物質は，主に**水素とヘリウムからなる星間ガス**と，ケイ酸塩や炭素質の物質，氷などの固体微粒子からなる**星間塵**で構成される。
　星間雲の中のとくに密度が高い部分が**重力**によって収縮を始めると，温度と密度が上がり，やがて**原始星**となる。

　主系列星について述べた文として最も適当なものを，次の①〜④のうちから一つ選べ。

① 主系列星は，重力による収縮段階にある。

② 主系列星では，中心部で水素の核融合反応が進行している。

③ 主系列星では，ヘリウムの核融合反応が進行している。

④ 主系列星では，高温のために鉄の分解が進行している。

 ・・・・・・・・・・・・・・・・・・・・・・・・・・・・・・・・・・・

[正解] ②

　主系列星では，中心部が1000万K以上と高温のため，**水素の核融合**が起こっている。①のように，重力によって収縮している段階の星は，**原始星**である。

　なお，水素の核融合では電荷が保存されていないように思えるかもしれないが，正の電荷をもつ陽電子が放出されるため，全体として電荷は保存されている。

📖**赤シート**CHECK

☑宇宙は138億年前に誕生し，膨張を始めた。誕生後，陽子や中性子ができ，3分後には**ヘリウムの原子核**ができた。さらに38万年後には**電子**が水素の原子核（陽子）やヘリウムの原子核と結びついて原子ができ，光が直進できるようになった。これを**宇宙の晴れ上がり**という。

☑星間雲が重力によって収縮することで中心部が高温となり輝いている段階の星を**原始星**という。さらに収縮して中心部の温度が1000万Kを超え，水素の核融合が起こっている段階の星を**主系列星**という。46億年前に誕生した太陽は，現在**主系列星**の段階にある。

☑太陽のエネルギー源は，太陽の中心部で起こっている，4個の**水素の原子核**が1個の**ヘリウム**の原子核に変わる**核融合**である。

☑太陽の構成元素の92％は**水素**，8％は**ヘリウム**である。

4-2 太陽系の誕生

■太陽系の誕生

およそ46億年前，水素を主成分とするガスが収縮し，中心部に集中したガスが原始太陽となった。そのまわりのガスは回転によって円盤状になり，**原始太陽系円盤**が形成された。この円盤の固体成分（塵）は円盤の中心面に密集し，衝突・合体により直径10 kmほどの**微惑星**が大量につくられた。太陽に近いところの微惑星は高温のため，その主成分は岩石と鉄であり，遠いところは低温のため，主成分は氷と岩石と鉄であった。

微惑星はさらに衝突・合体をくり返し，成長して**原始惑星**となった。そして，太陽に近いところでは岩石と鉄を主成分とする地球型惑星が形成された。地球型惑星は氷を含まないため質量が比較的小さく，重力も小さいため，まわりのガスを集めることができなかった（太陽に近いところでは高温のためガスが吹き飛ばされた影響もある）。一方，太陽から遠いところでは，氷を含むため大きく成長した原始惑星がまわりのガスを集め，**巨大ガス惑星**（木星・土星）や**巨大氷惑星**（天王星・海王星）といった木星型惑星が形成された。

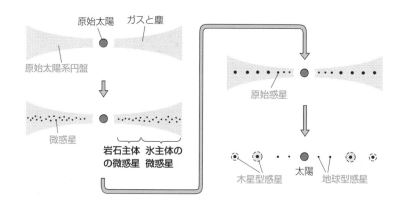

木星軌道と海王星軌道の間からは，氷を主成分とする微惑星が無数に放出されたが，その一部は太陽系の最外縁部にとどまり，**オールトの雲**となった。海王星よりも外側では，微惑星が十分成長できずに取り残され，冥王星を含む太陽系外縁天体となった。彗星は，オールトの雲や太陽系外縁天体からやってくる小天体である。また，火星軌道と木星軌道の間には，微惑星や原始惑星が多く残り，小惑星となった。

■地球の誕生

　地球は，岩石と鉄を主成分とする微惑星の衝突・合体により成長していった。この過程で，衝突のエネルギーによって高温になり，岩石に含まれていたガス成分が放出されることで**原始大気**が形成された。原始大気の主成分は<u>二酸化炭素</u>と<u>水蒸気</u>であった。その後，微惑星の衝突と原始大気の温室効果によって高温となり，表面の岩石がとけて**マグマオーシャン**(マグマの海)が形成された。地球内部では鉄などの重い金属が中心部に沈んで核となった。岩石は，核を取り囲むマントルとなった。微惑星の衝突が少なくなると，表面が冷えて固まり，岩石からなる地殻が現れた。

　その後，大気中の水蒸気から雲が生じ，雨が長期間降り続いて，40億年前には**原始海洋**が形成されていた。このころ生命が誕生したと考えられている。

■月の誕生

　地球誕生初期のころ，火星程度(地球の半分程度)の大きさの原始惑星が地球に衝突し，このとき飛散した物質が衝突・合体して月が形成されたと考えられている(ジャイアント・インパクト説)。

■生命を生み出す環境

　地球形成時に，原始地球に衝突した微惑星に含まれていた水が，地球の水の起源だと考えられている。金星や火星にも，初期は水(水蒸気)が存在したが，金星は太陽に近すぎるために紫外線によって水蒸気が分解され，火星は重力が小さいために十分大気(水蒸気)を引きつけておくことができなかった。

　地球は40億年もの間，液体の水が存在し続けたことで，海の中で生命が誕生し，生命が進化していった。生命を生み出す環境は，太陽からの適切な距離や惑星の大きさ(重力)などさまざまな要素に依存する。

　恒星のまわりで，惑星表面に液体の水が存在できる領域を<u>ハビタブルゾーン</u>といい，太陽系の惑星の中では地球だけがこの領域内にある(火星もハビタブルゾーンにあるという考えもある)。

■地球型惑星

水星	太陽に近くて小さい（重力も小さい）ため，**大気をもつことができない**。微惑星との衝突でできた**クレーター**が，侵食を受けずにそのまま残っている。自転周期が長いため，昼は最高 400 ℃，夜は最低 −180 ℃ と表面温度の差が大きい。
金星	地球と同程度の大きさの惑星だが，<u>二酸化炭素</u>を主成分とする厚い大気（90 気圧）がある。温室効果のため高温で，表面温度は 460 ℃ に達する。硫酸の雲で覆われている。
地球	窒素と酸素を主成分とする大気（1 気圧），液体の水，生命が存在する。太陽系の**ハビタブルゾーン**に位置する。
火星	自転周期や自転軸の傾きが地球と似ており，季節の変化が見られる。大気はあるが，地球よりもかなり少なく（0.006 気圧），その主成分は**二酸化炭素**である。表面には，クレーターの他，火山地形，河川や峡谷のような地形が見られる。過去には液体の水があったのではないかと考えられている。

■木星型惑星

木星	太陽系最大の惑星。質量の大部分が水素，残りのほとんどがヘリウムでできており，太陽の元素組成によく似ている。大気には激しい流れがあり，縞模様や**大赤斑**として観測される。
土星	太陽系の惑星の中で平均密度が最小（水よりも平均密度が小さい）。土星のリング（環）が地球から見えるほど明るいのは，氷が多いためである。
天王星	青白い表面をもつ。自転軸の傾きが 90°以上（ほぼ横倒し）。
海王星	青い表面をもつ。縞模様や黒斑が見られ，激しい大気の運動があることがわかる。

　太陽と地球の平均距離を 1 天文単位（1 au）といい，約 1 億 5000 万 km である。太陽と太陽系の天体との距離は，天文単位を用いて表されることが多い。

	地球型惑星 水星・金星・地球・火星	木星型惑星 木星・土星・天王星・海王星
半径	小（2400 〜 6400 km）	大（25000 〜 71000 km）
質量	小	大
平均密度	大（3.9 〜 5.5 g/cm^3）	小（0.7 〜 1.6 g/cm^3）
表面	岩石	ガス（固体の表面なし）
自転周期	長い（1 〜 243 日）	短い（10 〜 17 時間）
偏平率	小	大
衛星の数	少ない（0 〜 2）	多い（14 以上）
リング（環）	なし	あり
大気の組成	CO_2, N_2, O_2 （惑星ごとに異なる）	H_2, He, CH_4
内部構造		

地球型惑星の平均密度が大きいのは，木星型惑星が主に水素やヘリウムなどのガスからなるのに対し，地球型惑星は主に岩石や鉄からなるためである。これは，地球型惑星が形成された太陽に近いところでは，太陽からの熱で軽いガスが吹き飛ばされてしまったためである。

木星型惑星と地球型惑星では，大気の組成も全く異なる。木星型惑星の大気は，形成時に重力によってとらえられた水素やヘリウムからなる。一方，地球型惑星の大気は，原始惑星時に微惑星が衝突した際に生じたガスに由来し，二酸化炭素が多い。地球では，海ができて光合成を行う生物が誕生したため，大気組成がさらに変化し，窒素と酸素が主成分となった。

なお，上の図中の「金属水素」は，高圧のため液体の水素の原子がひしめき合い，電子が移動しやすい金属に似た状態になったものである。

■太陽系の小天体

衛星	惑星のまわりを公転している天体。木星の衛星イオには火山活動があり，エウロパには内部に液体の水がある可能性が高い。
小惑星	太陽のまわりを公転する小天体のうち，木星軌道より内側にある天体。ほとんどは<u>火星</u>軌道と<u>木星</u>軌道の間にあるが，地球に接近する軌道をもつものもある。これらのうち，小さいものは時々地球に落下する。これが隕石（いんせき）である。直径は，最大のセレス（ケレス）でも 1000 km 程度。日本の探査機「はやぶさ」と「はやぶさ２」は，小惑星から岩石試料を採取して持ち帰ることに成功した。
彗星	本体は直径数 km 程度 で，主成分は氷と塵である。太陽に近づくと，本体である核のまわりにガスや塵からなる部分ができ，太陽と反対側に「尾」を生じる。
太陽系外縁天体	海王星よりも外側を公転している小天体。冥王星は，2006 年に分類上，惑星ではなく太陽系外縁天体の一つとされた。

■ 標準マスター

太陽系における，地球型惑星の大気や表面温度について述べた文として**誤っているもの**を，次の①～④のうちから一つ選べ。

① 水星には大気がほとんどなく，表面温度は昼と夜とで大きく異なる。

② 金星は厚い大気に取り巻かれ，地表面で，気圧は 90 気圧，温度は 500 ℃ 近くにもなる。

③ 地球大気には酸素分子が多量に含まれるが，それは植物による光合成作用のためである。

④ 火星は地球とよく似た環境で，地表面で，気圧はほぼ 1 気圧，温度は水が凍る程度である。

 解説・・・・・・・・・・・・・・・・・・・・・・・・・・・・・

正解　④

火星の気圧は地球の 170 分の 1 であり，**温度もドライアイスができるくらい低く**，両極付近には氷とドライアイスからなる極冠（きょくかん）がある。

次の文章中の空欄 ア ～ エ に入れる語の組合せとして最も適当な
ものを，後の①～⑤のうちから一つ選べ。

太陽系の惑星は，その特徴の違いから地球型惑星と木星型惑星の二つの
グループに分けることができる。 ア 型惑星は イ 型惑星に比べ，半
径や質量は小さいが平均密度は大きい。また，多くの衛星や環をもつのは
ウ 型惑星である。自転周期は， エ 型惑星の方が短い。

	ア	イ	ウ	エ
①	地　球	木　星	地　球	木　星
②	木　星	地　球	木　星	木　星
③	地　球	木　星	木　星	地　球
④	木　星	地　球	地　球	地　球
⑤	地　球	木　星	木　星	木　星

正解 ⑤

半径や質量が小さいが平均密度が大きいのは**地球型惑星**であり，**多くの衛星
や環（リング）をもつのは木星型惑星**である。木星には 60 個以上の衛星がある
ことや，すべての木星型惑星は環をもつことが確認されている。

また，**自転周期が短いのは木星型惑星**であり，その自転周期は 1 日以下と，
自転速度が速い。このことに加え，木星型惑星は密度が小さいため，赤道方向
に大きく膨れた，偏平率の大きな形（回転楕円体）をしている。

赤シートCHECK

☑恒星のまわりで，惑星表面に液体の水が存在できる領域を<u>ハビタブルゾ
ーン</u>という。

☑地球型惑星は木星型惑星に比べて，半径は<u>小さく</u>，密度は<u>大きい</u>。

☑小惑星の多くは，<u>火星</u>軌道と<u>木星</u>軌道の間にある。

☑海王星よりも外側を公転している小天体を<u>太陽系外縁天体</u>という。

解答は別冊 18〜20 ページ

33 太陽のコロナから宇宙空間に放射されたイオンや電子などの高速の粒子の流れを，太陽風という。地球上のある地点で観測していると，地球の磁気は時間的に変化していることがわかる。この変化は，普通，規則的に繰り返される。しかし，ときには，太陽面での爆発に伴う急激で不規則な変化もある。

太陽面での爆発が観測されても，地球の磁気の変化はすぐには起こらず，約2日遅れて観測される。この事実に基づいて，太陽風の速度を推定することができる。ただし，太陽から地球までの距離は約 1.5×10^8 km，1日は約 8.6×10^4 s（秒）である。太陽風の速度として最も適当なものを，次の①〜⑥のうちから一つ選べ。

① 18 km/s ② 90 km/s ③ 180 km/s
④ 900 km/s ⑤ 1800 km/s ⑥ 9000 km/s

34 天体の元素に関連して述べた文として最も適当なものを，次の①〜③のうちから一つ選べ。

① 主系列星の内部では，ヘリウムの核融合反応により炭素や酸素が合成されている。

② 太陽大気の大部分は水素とヘリウムで，炭素や酸素等の重元素が少量含まれている。

③ 星間物質に含まれる元素は，ガスの状態でしか存在しない。

35 主系列星の中心部（中心核）では，水素の核融合反応によって大量のエネルギーが発生している。エネルギーは高温の中心部から低温の表面へ運ばれ，表面から宇宙空間へと放出される。水素が消費されるとヘリウムが生成され，ヘリウムの中心核がつくられる。水素の消費量が質量のある割合を超えると，ヘリウムの中心核は収縮し，外層が膨張して主系列星の次の段階へと移行し巨星となる。

質量が 2×10^{30} kg の主系列星の中心部で，1年あたり 2×10^{19} kg の水素が核融合反応している。この主系列星が次の段階へと移行して巨星となるまでに質量の 10 %の水素が消費されるとすると，主系列星として過ごす期間は約何億年か。最も適当な数値を，次の①〜⑤のうちから一つ選べ。

① 約4億年　　　② 約10億年　　　③ 約40億年

④ 約100億年　　⑤ 約1000億年

36 宇宙空間には星間ガスの密集した部分があり，星間雲と呼ばれる。近くにある明るい星の光を受けて輝いて見える星間雲は散光星雲と呼ばれる。一方，背後の星や散光星雲の光を吸収して暗く観測される星間雲は暗黒星雲と呼ばれる。

　次のイメージ図はオリオン座の一部である。ここにはさまざまな星間雲の姿が見られる。

　この図に関して述べた文として，**誤っているもの**を，次の①〜④のうちから一つ選べ。

① 右側の領域に広がって光っている部分は散光星雲であり，この近くに星間雲を照らす明るい星がある。

② 散光星雲と暗黒星雲の分布を見ると，星間雲は右側の領域だけに存在している。

③ **A**で示されている黒い部分は暗黒星雲であり，この部分は周囲の散光星雲より太陽系に近い位置にある。

④ 左側の領域には，遠方の星を隠す暗黒星雲が存在している。

37 太陽系の惑星について述べた文として最も適当なものを，次の①～③のうちから一つ選べ。

①　地球型惑星は，木星型惑星に比べて多くの衛星を持つ。

②　木星型惑星の表面には，多数のクレーターが存在する。

③　地球型惑星の質量は，木星型惑星に比べて小さい。

38 次の文章中の　ア　・　イ　に入れる語の組合せとして最も適当なものを，下の①～④のうちから一つ選べ。

金星は地球とほぼ同じ大きさであるが，　ア　を主成分とする濃い大気をもち，強い　イ　のために表面の温度は 460℃ に達する。

	ア	イ
①	硫化水素	対　流
②	硫化水素	温室効果
③	二酸化炭素	対　流
④	二酸化炭素	温室効果

39 太陽系天体について述べた文として**誤っているもの**を，次の①～④のうちから一つ選べ。

①　地球型惑星はおもに岩石からなる小型の惑星で，木星型惑星はおもにガスからなる大型の惑星である。

②　小惑星の大部分は木星と土星の間に存在するが，地球軌道より内側まで入ってくるものもある。

③　彗星は太陽に近づくと暖められて気化し，頭部(コマ)や長い尾を形成する。

④　海王星の外側には 1500 個を超える小天体が発見されており，太陽系外縁天体と呼ばれる。

40 太陽系の惑星のうち，内側にある四つの惑星は，外側の木星型惑星と比較すると密度が大きく，その表面にかたい地殻をもち，地球型惑星と呼ばれている。地球型惑星の地殻を構成している岩石は，共通して　ア　鉱物に富んでいる。しかし，地殻表面の地形や大気の状態は，惑星ごとに異なっている。

　地球の表面の約 70 % は海洋によって覆われている。海洋底には，海山・海嶺・海溝の地形などが発達している。一方，大陸地域では，褶曲・断層地形や，侵食作用による谷地形などが発達している。隕石クレーターは安定な大陸地域で 200 個程度見つかっているが，形成当時の地形を残しているものは少ない。大気は 1 気圧で，おもに窒素と酸素からなっている。

　　イ　の表面は，月と同じく，多数の隕石クレーターによって覆われている。この惑星には大気がほとんどなく，自転周期が長いために，表面温度が昼側と夜側で 500 ℃ 以上も異なる。

　　ウ　の表面には，隕石クレーターが多数存在するが，巨大な火山や峡谷状の地形なども認められている。この惑星の大気圧は，約 0.006 気圧である。極地方には白い極冠が見られ，その大きさは季節により変化する。

　　エ　の表面は，90 気圧に達する二酸化炭素の大気で覆われており，可視光線では観察できない。しかし，電波を使った観測から，その表面には多数の火山地形が分布し，また，褶曲・断層地形なども発達していることがわかっている。隕石クレーターも見いだされているが，その数は多くない。

問1　上の文章中の空欄　ア　に入れるのに最も適当なものを，次の①～④のうちから一つ選べ。

　① 元素　　　② 炭酸塩　　　③ 酸化　　　④ ケイ酸塩

問2　上の文章中の空欄　イ　～　エ　に入れる惑星の組合せとして正しいものを，次の①～⑥のうちから一つ選べ。

	イ	ウ	エ
①	水 星	金 星	火 星
②	水 星	火 星	金 星
③	金 星	火 星	水 星
④	金 星	水 星	火 星
⑤	火 星	水 星	金 星
⑥	火 星	金 星	水 星

恐竜王ティラノサウルス

ティラノサウルス

　最も有名な肉食恐竜であるティラノサウルスは，攻撃的で血に飢えた獰猛な恐竜として，多くの小説や映画に登場します。現在までに，30体以上の骨格化石が採集され，体の特徴がよくわかってきました。その姿の再現図も，数多く描かれています。大きな頭と小さな前肢(手)が特徴で，2本足で歩いていたと考えられています。

　ティラノサウルスの大きな頭と鋭い歯は肉食動物の特徴ですが，現在生息する肉食動物と比べると，かむ力はワニ以上で，骨まで砕くことができたと考えられています。ティラノサウルスと同時代，同地域(北アメリカ大陸)に生息していた草食恐竜トリケラトプスの骨格化石にティラノサウルスの歯形が残っていることから，トリケラトプスなどの巨大な恐竜も捕食していたことがわかります。しかし，ティラノサウルスは，体重が自身と同じぐらい重いトリケラトプスを，どのようにして捕食していたのでしょうか。

トリケラトプス

　ティラノサウルスのものではありませんが，他の肉食恐竜の足跡と草食動物の足跡が並んでいる化石が見つかっています。この化石から，草食動物に追いついた肉食恐竜が，草食動物の速さに合わせて走りながら襲いかかったことが想像できます。この行動は，ライオンなどが獲物を捕らえるときと，よく似ています。

　恐竜は，一般的には爬虫類に分類されます。現代に生息しているほとんどの爬虫類は変温動物で，寒くなると行動ができません。ところが，ティラノサウルスは恒温動物であり，体が羽毛で覆われていたと考えている研究者が，少なからずいます（ティラノサウルスが生息していた中生代後期は火山活動が盛んであったため，大気中の二酸化炭素濃度が高く，現在より温暖な気候でした）。なお，恐竜が進化して鳥類が誕生したという説は，現在はほぼ確実とみられています。

　今から約6600万年前，恐竜は絶滅しました。巨大隕石の衝突によって，大気中に放出された多量のちりが太陽光をさえぎり，気温が急に下がるなどの環境変化が起こったと考えられており，これが恐竜絶滅の原因と考えられています。この説を支持するクレーターが，メキシコのユカタン半島で見つかっています。地球の歴史や生物の変遷について考えることは，これからの地球を考えることにつながります。

5-1 地球と生物の変遷

■地質年代の区分

地層や化石の順序の情報をもとに年代を区分したもの（「中生代ジュラ紀」など）を**相対年代**という。一方，岩石や鉱物が何年前に形成されたかを，主に放射性同位体を用いた測定をもとに数に表した年代を**数値年代**という。地球の歴史は，相対年代の区分に数値年代を組み合わせて次の表のようにまとめられる。

先カンブリア時代	**冥王代** 46〜40 億年前	地球誕生から原始大気・原始海洋ができるまでの無生物時代
	太古代（始生代） 40〜25 億年前	原始的な生命（原核生物）が栄えた時代 光合成を行う生物が現れた
	原生代 25〜5.4 億年前	生物が複雑化・大型化した時代 真核生物・多細胞生物が現れた
顕生代	**古生代** 5.4〜2.5 億年前	かたい殻や骨をもつ生物が現れた時代 生物が陸上に進出した
	中生代 2.5 億〜6600 万年前	爬虫類や裸子植物が栄えた時代
	新生代 6600 万年前〜現在	哺乳類や被子植物が栄えた時代 人類が現れた

顕生代には5回の大規模な生物の絶滅があった。最も大規模なものは2.5億年前に起こり，6600万年前にも大規模な大量絶滅があった。

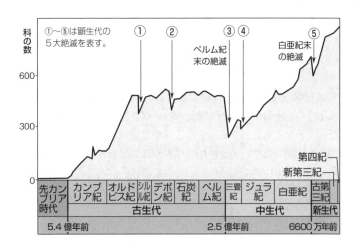

112

■先カンブリア時代（46〜5.4億年前）

冥王代 46〜40億年前	・原始大気の形成 ・マグマオーシャンの出現，核とマントルの分離 ・原始海洋の誕生
太古代 （始生代） 40〜25億年前	・40億年前の最古の岩石 （アカスタ片麻岩。地殻が存在した証拠） ・38億年前の最古の堆積岩・枕状溶岩 （海洋が存在した証拠） ・生命の誕生（冥王代にさかのぼる可能性もある） ・光合成を行う**シアノバクテリア**の出現
原生代 25〜5.4億年前	・酸素の増加による<u>縞状鉄鉱層</u>（しまじょうてっこうそう）の形成 ・**全球凍結**（23億，7億，6.5億年前） ・真核生物の出現（21億年前。グリパニアなど） ・多細胞生物の出現

先カンブリア時代の冥王代は，原始大気，原始海洋が形成された時代である。生命は，40億年前頃に海の中で誕生したのではないかと推測されている。初期の生物は，細胞内のDNAが核膜に包まれていない**原核生物**だった。

太古代には光合成を行う原核生物（**シアノバクテリア**）が誕生したことで海水中の酸素が増えた。この酸素が海水中に溶けていた鉄イオンと結びつくことで，酸化鉄となって海底に沈殿し，<u>縞状鉄鉱層</u>が形成された。私たちが利用する鉄の大半は，この縞状鉄鉱層から採掘されている。なお，シアノバクテリアは，<u>ストロマトライト</u>というドーム状の層構造をした岩石をつくる（当時のストロマトライトが多数見つかっている）。

原生代には，初期と末期にほぼ地球全体が氷におおわれる**全球凍結**（スノーボール・アース）が起こったが，初期の凍結後には**真核生物**（DNAが核膜に包まれた生物）が出現し，後期の凍結後には多細胞生物が大型化するなど，劇的な生物進化が起こった。そして，6億年前には**エディアカラ生物群**とよばれる，やわらかい組織をもつ偏平で大型の生物群が現れた。

エディアカラ生物群

ディキンソニア

スプリギナ

5-1

地球と生物の変遷

■古生代（5.4〜2.5億年前）

カンブリア紀	・かたい殻をもつ生物や原始的な魚類（脊椎動物）の出現 （バージェス動物群・澄江動物群）
オルドビス紀	・コケ植物の陸上進出
シルル紀	・クックソニア（最古の陸上植物化石）
デボン紀	・両生類（イクチオステガなど）・裸子植物の出現
石炭紀	・爬虫類の出現 ・シダ植物（ロボク，リンボク，フウインボク）の繁栄 ・光合成による酸素の増加・二酸化炭素の減少→寒冷化
ペルム紀 （二畳紀）	・超大陸パンゲアの出現 ・生物の大量絶滅

　古生代のカンブリア紀には，カンブリア紀の爆発とよばれる生物の爆発的進化が起こり，**三葉虫**などのかたい殻をもつ生物が多数出現した。古生代には藻類などの光合成により大気中の酸素が増加し，上空に**オゾン層**が形成されることで，生物にとって有害な紫外線が吸収されるようになって，生物の陸上進出が進んだ。

　古生代後期にはシダ植物が大森林を形成したため，光合成により二酸化炭素が減って気候の寒冷化が進み，**氷河**が発達した。この時代のシダ植物の遺骸は石炭のもととなっている。古生代末期には世界の大陸が合体して超大陸**パンゲア**が現れた。パンゲア周辺の浅い海（テチス海）には**フズリナ**（紡錘虫）やサンゴが栄えた。古生代末の大量絶滅では，三葉虫やフズリナが全滅し，サンゴ，昆虫，植物などの多くが絶滅した。この原因としては，大規模な火山活動や海洋の酸素欠乏などが議論されている。

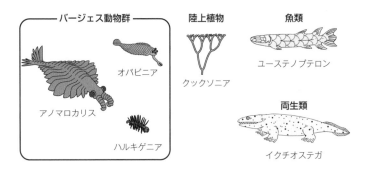

バージェス動物群
オパビニア
アノマロカリス
ハルキゲニア

陸上植物
クックソニア

魚類
ユーステノプテロン

両生類
イクチオステガ

■中生代(2.5億〜6600万年前)

三畳紀 (トリアス紀)	・恐竜(大型爬虫類)・哺乳類の出現
ジュラ紀	・鳥類の出現(**恐竜**から進化)
白亜紀	・被子植物の出現 ・生物の大量絶滅(隕石の衝突)

　中生代は，動物では**恐竜**や**アンモナイト**，植物では**ソテツ**やイチョウなどの裸子植物が栄えた時代であり，**モノチス**，**トリゴニア**，**イノセラムス**などの二枚貝も栄えた。古生代末期にできた超大陸パンゲアは分裂を始め，とくにジュラ紀以降はプレートの動きが速く，火山活動が激しくなり，多量の二酸化炭素が放出された。このため，中生代は基本的に温暖な気候だった。海面が上昇して浅い海に生息するプランクトンなどの生物が増え，これらの遺骸が石油のもととなった。中生代末には生物の大量絶滅が起こったが，これはメキシコのユカタン半島に直径 10 km ほどの**隕石が衝突**したことによる環境変化が原因だと考えられている。

■新生代(6600万年前〜現在)

古第三紀 6600〜2300万年前	・温暖な気候から寒冷化
新第三紀 2300〜260万年前	・哺乳類(**デスモスチルス**など)の繁栄 ・人類の出現(700万年前)
第四紀 260万年前〜現在	・**氷期**と**間氷期**をくり返す ・マンモス，ナウマンゾウ，人類の繁栄

　新生代は，爬虫類にかわって哺乳類が繁栄し，植物では被子植物が栄えた。初期は中生代からの温暖な気候が続き，**カヘイ石**(ヌンムリテス)やビカリアなど暖かい海にすむ生物が栄えたが，3000万年前には寒冷化に転じた。第四紀は氷期と間氷期をくり返す寒冷な時代で，最近の 70 万年間では氷期と間氷期を 10 万年周期でくり返している。氷期には現在よりも海面が 100 m 以上低く，日本列島は大陸と地続きになっていた。7 万年前に始まった最後の氷期は 1 万年前に終わり，現在は間氷期にあたる。

■**人類の進化**

猿人 （アウストラロピテクスなど）	・最も古い猿人の化石は，700万年前の サヘラントロプス（直立二足歩行）
原人 （ホモ・エレクトスなど）	・脳の容積が増加，簡単な石器や火を使用 ・初めてアフリカ大陸を出た
旧人 （ネアンデルタール人など）	・一時期，新人と共存していた
新人 （ホモ・サピエンス）	・20万年前に出現（現在の人類） ・複雑な言語，道具の使用

アウストラロピテクス
（猿人）

ホモ・エレクトス
（原人）

ネアンデルタール人
（旧人）

ホモ・サピエンス
（新人）

■**大気組成の変遷**

　地球誕生時の大気の主成分は**水蒸気**と**二酸化炭素**であり，酸素はほとんど含まれていなかった。その後，水蒸気は雨となって海を形成し，二酸化炭素は海に溶けこむなどして，これらは大幅に減少した。太古代に光合成を行う生物が誕生したことで，原生代には大気中に酸素が増加した。

　古生代初期には温室効果ガスである二酸化炭素の濃度が現在（0.04%）の20倍と高かったため，非常に温暖な気候だったが，後期には植物の光合成により酸素が急増・二酸化炭素

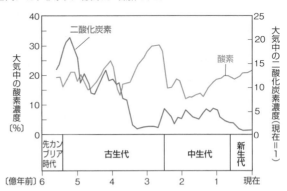

が急減し，寒冷化した。中生代は二酸化炭素濃度が比較的高く，基本的に温暖な気候だったが，新生代になると徐々に二酸化炭素濃度が下がり，3000万年前には寒冷化に転じた。

標準マスター

中生代全般の地球の気候について述べた文として最も適当なものを，次の①〜③のうちから一つ選べ。

① 全地球が温暖な時代で，氷河はほとんどなかった。

② 寒冷な時代で，北半球・南半球ともに中緯度域にまで氷河が発達した。

③ 氷期と間氷期が繰り返された。

正解 ①

中生代は大陸の分裂が進んだため火山活動が激しく，火山から噴出される二酸化炭素による温室効果のため**温暖**な時代だった。

中生代ジュラ紀の植物界について述べた文として最も適当なものを，次の①〜④のうちから一つ選べ。

① 植物が陸上に進出して間もないころであった。

② リンボク・ロボクなどのシダ植物が大森林をつくっていた。

③ イチョウ・ソテツなどの裸子植物が最も繁栄していた。

④ 被子植物が最も繁栄する現在の植物界と全く同じ状態になっていた。

正解 ③

中生代は裸子植物が栄えた時代である。①は古生代の前〜中期，②は古生代石炭紀，④は新生代の話である。

📖 **赤シートCHECK**

☑先カンブリア時代には，太古代末までに光合成を行う**シアノバクテリア**が出現したことで，海水中の酸素が増加し，これが鉄イオンと結びつくことで**縞状鉄鉱層**が形成された。

☑古生代には生物が陸上に進出し，石炭紀には**シダ**植物が栄えた。古生代に現れた**裸子**植物や**爬虫**類は中生代に栄え，中生代に現れた**被子**植物や**哺乳**類は新生代に栄えた。また，中生代には恐竜から**鳥**類が進化した。

5-2 地層と化石

■地層

46億年の地球の歴史は，地層を調べることで知ることができる。地層は砕屑物がほぼ水平に堆積したもので，地層の境界面を**層理面**（そうりめん）という。地層が堆積した順序（層序）（そうじょ）は，通常，下にあるものほど古い。これを**地層累重の法則**（るいじゅう）という。地層の多くは陸で風化などによって生じた砕屑物が，流水などによって運搬され，海底などに堆積してできたものである。

■風化作用（ふうか）

岩石が化学的な分解を受けたり，物理的に破壊されたりすることを**風化**という。岩石中の鉱物が水に溶け出したり，ほかの鉱物に変化したりする作用のことを化学的風化といい，**温暖湿潤な地域で顕著**である。**カルスト地形**や**鍾乳洞**（しょうにゅう）（どう）は，石灰岩が二酸化炭素の溶けこんだ雨水に溶けることで形成される。

岩石は気温の変化によって膨張・収縮をくり返すが，鉱物の種類によって膨張率が異なるため，次第に細かく砕かれていく。また，岩石の割れ目にしみ込んだ水の凍結・膨張によっても岩石が砕かれる。このような作用を物理的風化といい，**寒暖差が大きい乾燥地や寒冷地で顕著**である。

風化した岩石は，流水や風などによって削り取られて礫や砂などの砕屑物となり，流水によって低地に運ばれて堆積する。

■流水の働き

流水には侵食・運搬・堆積の働きがあり，流速と砕屑物の粒径によって働き方が異なる。たとえば粒径0.1 mmの砂の場合，堆積している砂は，流速が右図の**a**を超えると運搬され始める。また，この砂が運搬されているとき，流速が**b**を下回ると堆積する。

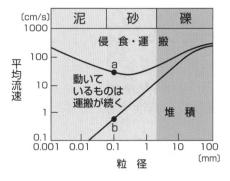

■砕屑物の運搬と堆積

　川の上流では侵食がさかんで V字谷（ブイじこく）がつくられる。川が山から平野に出るところでは流れが遅くなるため，礫や砂が堆積して扇状地（せんじょうち）となる。川が海に達すると，流れが急に遅くなるため，河口付近に砂や泥が堆積して三角州（さんかくす）となる。大陸棚には陸から運ばれた砕屑物が厚く堆積するが，その末端の土砂が地震などによって混濁流（こんだくりゅう）（乱泥流（らんでいりゅう））となって大陸斜面を流れ下り，堆積することで海底扇状地となる。このような堆積物はタービダイトとよばれる。

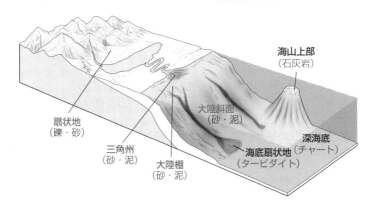

海山上部
（石灰岩）

大陸斜面
（砂・泥）

扇状地
（礫・砂）

三角州
（砂・泥）

大陸棚
（砂・泥）

海底扇状地
（タービダイト）

深海底
（チャート）

■堆積構造

　地殻変動などにより，水平に堆積した地層が変形を受けている場合，地層のどちらが上かを調べることが重要になる。地層に見られる堆積構造を調べることで，地層の上下や堆積当時の環境を知ることができる。

　級化層理（きゅうかそうり）（級化構造，級化成層）は，粒径の異なる粒子が水中で堆積するときに，大きな粒子の方が速く沈むためにできるもので，タービダイトに見られることが多い。斜交葉理（しゃこうようり）（クロスラミナ）や漣痕（れんこん）（リプルマーク）は，水の動きがあるところにできる構造である。生痕化石（せいこんかせき）には貝の巣穴や虫のはい跡などがあるが，これらからも地層の上下を知ることができる。

上
↑
↓
下

級化層理	斜交葉理	漣痕	生痕化石
粒径が異なるものが混ざり合いながら堆積。上に向かって粒子が細かくなる。	向きが変化する水流中で堆積。縞模様が切られた方が下。	地層上面での水流の痕跡（波形）。とがっている方が上。	生物のはい跡，巣穴など。下に向けて掘られた巣穴の形などから上下がわかる。

■続成作用と堆積岩

　海底などに堆積した堆積物は，時間の経過とともに圧縮され，脱水されて，緻密になっていく。さらに，水に溶けこんだケイ素やカルシウムがセメントのように粒子の間をつないで固まることで，かたい岩石になっていく（**続成作用**）。続成作用により，堆積物は**堆積岩**となる。次の表は堆積岩の分類を表す。

種類	堆積物	岩石名
砕屑岩（さいせつがん）	礫（直径 2 mm 以上）	礫岩（れきがん）
	砂（直径 1/16〜2 mm）	砂岩（さがん）
	泥（直径 1/16 mm 未満）	泥岩（でいがん）
火山砕屑岩（火砕岩）（かさいがん）	火山灰	凝灰岩（ぎょうかいがん）
	火山灰と火山岩塊	凝灰角礫岩（ぎょうかいかくれきがん）
生物岩	フズリナ・貝殻・サンゴ・有孔虫など（$CaCO_3$ が主成分）	石灰岩
	放散虫など（SiO_2 が主成分）	チャート
化学岩	$CaCO_3$	石灰岩
	SiO_2	チャート
	$CaSO_4$	石こう
	$NaCl$	岩塩

　石灰岩やチャートには，生物由来のものと，$CaCO_3$ や SiO_2 が無機的に沈殿してできたものがある。石こうや岩塩は，乾燥地帯の湖に溶けこんでいたものが，水の蒸発によって沈殿したものである。

■整合と不整合

　地層どうしの接し方には整合と不整合がある。

整合	連続的な地層の接し方。
不整合	地層の堆積が途中で長期間中断したため，堆積が不連続に起こったときの地層の接し方。

不整合の形成（下図）

① **A**が連続して堆積する

（傾斜不整合の場合は，地殻変動によって傾斜したり褶曲したりする）

② **A**が隆起して侵食を受ける

③ **A**が沈降して，その上に**B**が堆積する

④ **A**，**B**が隆起して陸地になる

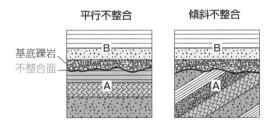

平行不整合　　　　傾斜不整合

基底礫岩
不整合面

上図の「基底礫岩（きていれきがん）」は，下位の地層（**A**）が侵食されたときに生じた礫岩で，不整合面のすぐ上に見られることが多い。

■示準化石（しじゅんかせき）

　地層の**時代**を決めるのに用いる**示準化石**（標準化石）は，様々な地域を比較できる方が有用なので，化石生物の生存範囲は広い方がよい。このため，海流によって広く運ばれる浮遊性の有孔虫，移動力の大きい大型の哺乳類などが適している。また，生存期間は短い方がよい。三葉虫やアンモナイトは，比較的生存期間が長いが，進化が顕著で形態が短期間で変化するので，示準化石として役に立つ。次の表に，主な示準化石をまとめた。

古生代

三葉虫の化石

中生代

アンモナイトの化石

古生代	中生代	新生代
三葉虫 フズリナ（紡錘虫） フデイシ	アンモナイト イノセラムス トリゴニア 恐竜	カヘイ石（ヌンムリテス） ビカリア マンモス ナウマンゾウ

■示相化石

　生息当時の環境を推定するのに有効な化石を**示相化石**という。サンゴなどの，現在も生息している生物種の示相化石は，生活環境がわかりやすいので，とくに有用である。たとえば，造礁性のサンゴなら暖かく浅い海，シジミなら淡水や汽水域などと，当時の堆積環境が推定できる。

■地層の対比

　いろいろな地域の地層を比較することは，地球史を考えるうえで重要である。火山灰は，比較的広範囲に，ほぼ同時に堆積するので，地層の対比に最もよく利用される。南九州の姶良カルデラや，その南方の鬼界カルデラの噴火では，その火山灰が，日本列島とその周辺に降下・堆積し，鍵層(対比に役立つ地層)として利用されている。

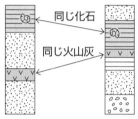

　示準化石は広範囲の地層の対比に用いられる。たとえば，フズリナは進化が顕著で，時代の経過とともに組織が複雑になり，大型化したため，細かい時代分けが可能である。右図は，2つの地点の柱状図と産出するフズリナの化石を示している。地点ⅠとⅡでは，Aとa，Cとc，Dとdがそれぞれ同時代であり，Ⅰにはフズリナ②の地層が欠けている。このことから，フズリナ②が生息していた時代には，Ⅰは侵食の場にあり，堆積が中断したことがわかる。

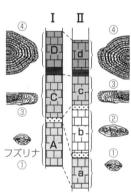

標準マスター

地殻の浅部や表層には堆積岩(たいせきがん)が分布している。堆積岩について述べた文として**適当でないもの**を，次の①〜④のうちから一つ選べ。

① 砕屑岩(さいせつ)は，構成粒子の大きさによって，粗いものから順に礫岩(れき)・砂岩・泥岩に分類される。

② 凝灰岩や凝灰角礫岩は，火山砕屑物が固まってできた。

③ チャートは，主に $CaCO_3$ の殻を持つ有孔虫や貝の遺骸(いがい)が集積・固化してできた。

④ 堆積岩には，岩塩のように海水や湖水の蒸発によってできたものがある。

解説 ●

正解 ③

① 岩石が風化作用などによって砕かれたものを砕屑物という。砕屑岩は，砕屑物が堆積してできた岩石であり，粒子(砕屑物)の大きさにより，大きいものから順に，礫岩，砂岩，泥岩に分類されている。

② 凝灰岩は，粒の細かい火山灰が堆積してできた岩石，凝灰角礫岩は，火山灰だけでなく，粒の大きい火山岩塊などを含んだ岩石である。

③ **チャートは，二酸化ケイ素(SiO_2)の殻をもつ放散虫**などの遺骸が堆積してできたものである。炭酸カルシウム $CaCO_3$ の殻をもつ有孔虫や貝，あるいはフズリナ(紡錘虫)やサンゴの遺骸からできた岩石は**石灰岩**である。

④ 岩塩は，主に乾燥地帯の塩湖などにおいて，水の蒸発によって沈殿してできた化学岩である。

問1　右図の砂岩層には，約30°傾いたす
じ状の模様(堆積構造)が見られる。この
堆積構造は何と呼ばれるか。また，
それはどのような作用で形成されたか。
堆積構造の名前と形成作用を示した語
句の組合せとして最も適当なものを，
次の①〜④のうちから一つ選べ。

	堆積構造	形成作用
①	斜交葉理	堆積時の水流
②	斜交葉理	堆積後の地殻変動
③	片　理	堆積時の水流
④	片　理	堆積後の地殻変動

問2　右の柱状図のような級化層理(級化成層)を
観察した。この砂岩泥岩互層はどのようにし
て堆積したと考えられるか。最も適当なもの
を，次の①〜④のうちから一つ選べ。

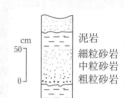

① 砂漠で風に運搬されて堆積した。

② 海底で混濁流に運搬されて堆積した。

③ 陸上で地すべりによって堆積した。

④ 海水中に溶けていた物質が浅海で化学的に沈殿した。

問3　示準化石について述べた文として最も適当なものを，次の①〜③の
うちから一つ選べ。

① 示準化石による対比は，近傍の地域内では有効だが，遠く離れた
地域間では難しい。

② よい示準化石とは，分布が広く，種としての生存期間が短いもの
である。

③ 示準化石として利用されているものは，すべて海洋に生息してい
た生物である。

解説 •••••••••••••••••••••••••••••••••••

問1 正解 ①

写真のような堆積構造は，**水流のあるところで砂などが堆積したとき**にできやすく，**斜交葉理**（クロスラミナ）とよばれる。

問2 正解 ②

混濁流は，大陸棚のような浅海の堆積物が，大陸斜面に沿って斜面を侵食しながら深海に流れ下る現象で，**乱泥流**ともよばれる。これによる堆積物を**タービダイト**といい，級化層理が見られる典型的な堆積物である。図の粗粒砂岩〜泥岩は一度の混濁流により堆積したもので，混濁流が何度も起こることで砂岩と泥岩の互層ができる。なお，①のように風で運ばれるものは，粒が小さなものばかりなので，堆積時にふるい分けは起こらない。③の地すべりでは，粒が大きなものや小さなものが一緒に堆積する。④は，砂や泥が海水に溶けることはない。

問3 正解 ②

示準化石は，**分布が広いほど有用**であり（地層の対比が可能な範囲が広い），**種の生存期間が短いほど有用**である（細かい時代区分が可能）。示準化石による対比は，どの地域の地層についても有効である。示準化石として利用されているものは海洋に生息していた生物が多いが，これは主な堆積の場が海であるため，海に生息していた生物の方が，化石として残りやすいからである。示準化石として利用されているもののうち，陸上に生息していた生物には，植物や恐竜などがある。

赤シートCHECK

- ☑上にある地層ほど新しく堆積したものである。これを**地層累重の法則**という。
- ☑堆積岩のうち，主成分が $CaCO_3$ のものを**石灰岩**，SiO_2 のものを**チャート**という。
- ☑地層が堆積した環境が推測できる化石を**示相化石**という。
- ☑地層が堆積した時代を決めたり，離れた地点の地層の新旧を決めたりするのに役立つ化石を**示準化石**という。この化石になる生物の条件は，生存期間が**短い**こと，生存範囲が**広い**こと，進化が**速い**ことである。

解答は別冊 21 〜 26 ページ

41 チャートのもととなった堆積物についての説明として最も適当なものを，次の①〜④のうちから一つ選べ。

① 放散虫の遺骸など二酸化ケイ素(SiO_2)に富む堆積物

② サンゴの遺骸など炭酸カルシウム($CaCO_3$)に富む堆積物

③ 海水の蒸発によって沈殿した塩化ナトリウム($NaCl$)に富む堆積物

④ 海水の蒸発によって沈殿した硫酸カルシウム($CaSO_4$)に富む堆積物

42 次の図は，造山帯に属するある地域の地質断面図である。変成岩は，泥質の堆積岩が広域変成作用を受けて形成された片麻岩などからなり，そこに花こう岩**A**，**B**が貫入している。花こう岩**A**は9000万年前に形成され，また玄武岩の溶岩は400万年前に陸上に噴出したことがわかっている。

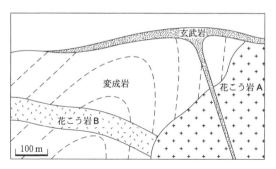

ある地域の地質断面図
変成岩のなかの破線は褶曲構造を示す。

問1 この地域の岩石の説明として最も適当なものを，次の①〜④のうちから一つ選べ。

① 玄武岩は，花こう岩**A**によって接触変成作用を受けている。

② 花こう岩**B**が貫入した時代は，古第三紀である。

③ 変成岩は，花こう岩**A**の貫入に伴って褶曲した。

④ 変成岩と花こう岩**A**は，新第三紀には地表に露出していた。

問2 次の図a〜dは，岩石の薄片を偏光顕微鏡で観察したときのスケッチ
である。前ページ図中の花こう岩Aと玄武岩を観察したときのスケッチ
の組合せとして最も適当なものを，下の①〜⑧のうちから一つ選べ。

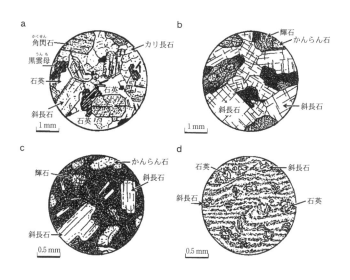

	花こう岩A	玄武岩
①	a	c
②	a	d
③	b	c
④	b	d
⑤	c	a
⑥	c	b
⑦	d	a
⑧	d	b

問3 前ページの文章中の下線部の片麻岩について述べた文として最も適当
なものを，次の①〜④のうちから一つ選べ。
① 有色鉱物が多い縞と無色鉱物が多い縞からなる粗粒な岩石。
② 細粒な鉱物からなる緻密な岩石。
③ 細粒の白雲母や黒雲母などが配列し，薄くはがれやすい岩石。
④ おもにかんらん石や輝石からなる粗粒な岩石。

43 次の図は，水中で堆積物の粒子が動き出す流速および停止する流速と粒径との関係を，水路実験によって調べて示したものである。曲線**A**は，徐々に流速を大きくしていった時に，静止している粒子が動き出す流速を示す。曲線**B**は，徐々に流速を小さくしていった時に，動いている粒子が停止する流速を示す。

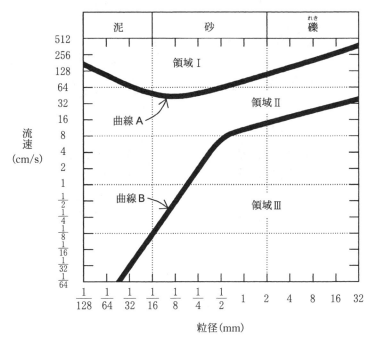

水中で粒子が動き出す流速および停止する流速と粒径との関係

問1 三つの水路に粒径 $\frac{1}{32}$ mm の泥，粒径 $\frac{1}{8}$ mm の砂，粒径 4 mm の礫を別々に平らに敷いた。次に，流速 0 cm/s の状態から，三つの水路の流速が等しくなるようにしながら，徐々に流速を大きくしていった。このとき，図に基づくと，水路内の粒子（泥，砂，礫）はどのような順序で動き出すと考えられるか。粒子が動き出す順序として最も適当なものを，次の ① ～ ⑥ のうちから一つ選べ。

① 泥 → 砂 → 礫　　② 泥 → 礫 → 砂　　③ 砂 → 泥 → 礫

④ 砂 → 礫 → 泥　　⑤ 礫 → 泥 → 砂　　⑥ 礫 → 砂 → 泥

問2 次の**ア**～**ウ**は，前ページの図中の領域Ⅰ～Ⅲについての説明である。領域Ⅰ～Ⅲと説明**ア**～**ウ**の組合せとして最も適当なものを，下の①～⑥のうちから一つ選べ。

ア 運搬されていたものが堆積する領域

イ 運搬されていたものは引き続き運搬されるが，堆積していたものは侵食・運搬されない領域

ウ 堆積していたものが侵食・運搬される領域

	領域Ⅰ	領域Ⅱ	領域Ⅲ
①	ア	イ	ウ
②	ア	ウ	イ
③	イ	ア	ウ
④	イ	ウ	ア
⑤	ウ	ア	イ
⑥	ウ	イ	ア

44 続成作用を説明した文は，次の**a**～**d**のどれとどれか。その組合せとして最も適当なものを，下の①～⑥のうちから一つ選べ。

a 粒子の沈降する速度の違いにより，級化層理が形成される。

b 粒子のすきまが堆積物の重みにより狭くなり，水が絞り出される。

c 粒子のすきまに存在する水が凍結・膨張し，岩石が細かくくだける。

d 粒子のすきまに鉱物が沈殿し，堆積物がかたくなる。

① a・b   ② a・c   ③ a・d

④ b・c   ⑤ b・d   ⑥ c・d

45 第四紀には，氷河の消長に伴って，海面の上昇と低下が繰り返し起こった。海面が低下する時期には河川は侵食力を増し，下流部では，最終的には低下した海面の位置まで谷が刻まれる。海面が上昇する時期には，そのような谷に海水が侵入し，やがて堆積物による埋め立てがすすんで，埋没谷となる。そして，最終的には，上昇した海面の位置まで埋め立てられる。海岸平野にみられる台地や低地の地形と地下構造は，このような過程の繰り返しによって形成されたものである。

　下の図1には，多くのボーリング資料などで明らかにされたある海岸平野の地下断面が示されている。この図に示された段丘面，埋没段丘面などの位置や埋没谷の底の位置は，ほぼ，海面上昇期または低下期の海面の高さを示す。過去の海面の高さを，現在の海面の高さを基準にして復元すると，下の図2のようになった。これらの図をもとにして，この海岸平野の形成史を，段階を追って説明すると，次のようになる。

(1) まず，海面が現在よりも 20 m 高かった10万年前に，段丘面 A が形成された。

(2) 10万年前から，海面が現在よりも 60 m 低かった 6 万年前にかけて，　ア　が形成された。

(3) 6 万年前から，海面が現在よりも 20 m 低かった 4 万年前にかけて，地層Xが堆積し，　イ　が形成された。

(4) 4 万年前から，海面が現在よりも 80 m 低かった 2 万年前にかけて，　ウ　が形成された。

(5) 2 万年前から現在にいたる海面上昇期に，地層 Y が堆積し，この堆積作用は現在も進行中である。

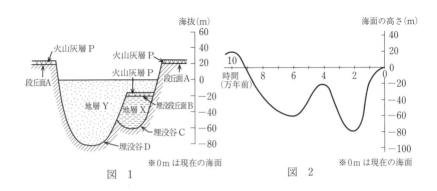

図　1　　　　　　　　　　　図　2

問1　前ページの文章中の下線部の現象と関連した地形として最も適当なものを，次の①～④のうちから一つ選べ。

① 扇状地

② リアス海岸

③ 大陸棚

④ 三角州

問2　前ページの文章中の空欄　ア　～　ウ　に入れる語句の組合せとして正しいものを，次の①～⑥のうちから一つ選べ。

	ア	イ	ウ
①	埋没段丘面B	埋没谷C	埋没谷D
②	埋没段丘面B	埋没谷D	埋没谷C
③	埋没谷C	埋没段丘面B	埋没谷D
④	埋没谷C	埋没谷D	埋没段丘面B
⑤	埋没谷D	埋没段丘面B	埋没谷C
⑥	埋没谷D	埋没谷C	埋没段丘面B

問3　前ページの図1に示すように，段丘面Aと埋没段丘面Bは火山灰層Pにおおわれている。火山灰層Pの堆積時代として最も適当なものを，次の①～④のうちから一つ選べ。

① 10万年前から6万年前までの間

② 6万年前から4万年前までの間

③ 4万年前から1万年前までの間

④ 1万年前から現在までの間

46 地球の表面は，いくつかのプレートに覆われている。 ア で形成された海洋底のプレートは，徐々に ア から離れていき，日本列島の周辺などでは，やがて イ の位置で沈み込む。

　海洋底をプレートが移動する間に，その表面の玄武岩の上にさまざまな堆積物がたまっていく。陸から遠く離れた場所では， ウ が堆積する。 ウ からできる堆積岩は，チャートである。プレートが陸に近づくと細粒の陸源物質の供給が始まり，泥岩などが堆積する。さらに近づくと， イ 周辺で，混濁流（乱泥流）で運ばれた陸源の礫，砂，および泥が堆積し，タービダイトと呼ばれる，特有の構造をもった堆積岩ができる。こうして，玄武岩からタービダイトにいたる一連の岩石の積み重なりができる。これら一連の岩石の一部は， イ において沈み込まずに集積し，日本列島のかなりの部分を構成している。

　下の図1は，このような岩石が露出する2地点A，Bにおける地質柱状図である。海洋底で堆積した堆積岩の年代の決定には，放散虫が示準化石として役立つ。図1には，放散虫 a ～ d の地層からの産出の範囲も示されている。下の図2は，これらの放散虫と他の化石との関係を示す。

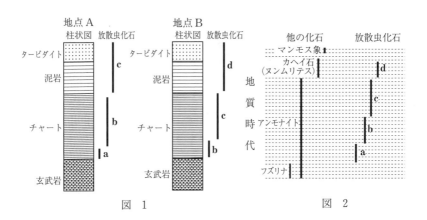

図　1　　　　　　　　　図　2

問1　上の文章中の空欄 ア ・ イ に入れるのに最も適当なものを，次の①～④のうちから一つずつ選べ。
① 海嶺（かいれい）　　② 溶岩台地　　③ 海山　　④ 海溝

問2 前ページの文章中の空欄 ウ に入れるのに最も適当なものを，次の
① ～ ④ のうちから一つ選べ。

① おもに有孔虫，サンゴ，二枚貝などの生き物の石灰質の殻

② 河川からもたらされた有機質の粒子

③ おもに放散虫の遺骸などの珪質粒子

④ 玄武岩と同じ組成の火山灰

問3 タービダイトには，礫，砂，泥などの粒径の異なる粒子が堆積してで
きた構造が見られる。このような堆積構造をどう呼ぶか。次の ① ～ ④ の
うちから最も適当なものを一つ選べ。

① 枕状構造

② 基底礫岩

③ 級化層理

④ 片理

問4 前ページの図1の2地点 A，B の地層から見つかった，示準化石で
ある放散虫 **a** ～ **d** について述べた文はどれか。次の ① ～ ④ のうちから
最も適当なものを一つ選べ。

① **a** は中生代の化石で，**b** ～ **d** は新生代の化石である。

② **a** は古生代の化石で，**b** ～ **d** は中生代の化石である。

③ **a** ～ **c** は古生代の化石で，**d** は中生代の化石である。

④ **a** ～ **c** は中生代の化石で，**d** は新生代の化石である。

問5 2地点 A，B でチャートが堆積していた時代における，A と B との
位置について述べた文はどれか。次の ① ～ ④ のうちから最も適当なもの
を一つ選べ。ただし，2地点 A，B は同一プレート上にあり，プレート
の運動方向には変化がなかったものとする。

① A と B は同じ位置にあった。

② A は B よりも日本列島に近い位置にあった。

③ B は A よりも日本列島に近い位置にあった。

④ A は南半球に位置し，B は北半球に位置した。

47 ある地域でボーリング調査を行い，堆積物を分析した。その結果，次の図に示すようなボーリング試料の深さと年代の関係が明らかになった。また，各地層からは有孔虫などの化石が産出した。ただし，地層が堆積した後，続成作用による地層の厚さの変化はないものとする。

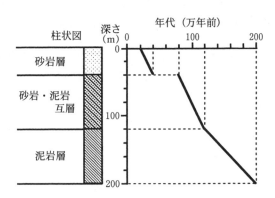

ボーリング試料の柱状図と，その深さと年代の関係

問1 上の文章と図から読み取れることを述べた文として最も適当なものを，次の①〜④のうちから一つ選べ。

① 堆積物は，すべて淡水の湖で堆積した。

② 砂岩・泥岩互層は泥岩層に比べてゆっくりした速さで堆積した。

③ 泥岩層は白亜紀に堆積した。

④ 砂岩・泥岩互層と砂岩層の間で，堆積が中断したか堆積物が削られた。

問2 地層の対比や地質時代の推定について述べた文として最も適当なものを，次の①〜④のうちから一つ選べ。

① 地質時代を特定するには示相化石を用いる。

② 地層の対比は陸上に露出する地層と海底下の地層との間でも可能である。

③ 石英を含む砂岩は地層の対比に適している。

④ すべての不整合は氷期に形成されるので，広範囲の地層の対比に用いられる。

48 海洋は先カンブリア時代にすでに存在していたと考えられている。過去に海洋が存在した証拠として**適当でないもの**を，次の①〜④のうちから一つ選べ。

① 縞状鉄鉱層
② 枕状溶岩
③ クックソニアの化石
④ ストロマトライト

49 次のア〜エは，おもな示準化石〔三葉虫，アンモナイト，ビカリア，デスモスチルスの歯〕の写真である。これらのうち，中生代の地層，ならびに新生代の地層から産出する可能性のある化石の組合せとして最も適当なものを，下の①〜⑥のうちから一つ選べ。

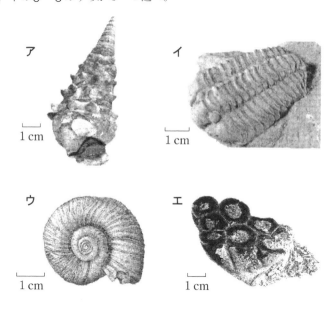

	中生代	新生代
①	ア	イ
②	ア	エ
③	イ	ア
④	イ	ウ
⑤	ウ	イ
⑥	ウ	エ

50 大陸の離合集散は，地球環境の変遷と生物進化に大きなかかわりをもったと考えられる。先カンブリア時代末にはロディニアと呼ばれる超大陸ができたが，それが分裂する過程でできた古生代初めの大陸周辺の海では，多種多様な生物が出現した。この生物進化史上の事件は(a)「カンブリア紀の爆発」と呼ばれている。

　古生代初めに存在した大陸（ゴンドワナ大陸）に，さらにいくつかの大陸が合体して，古生代後期には超大陸（パンゲア）が形成された。（中略）(b)パンゲア超大陸の低・中緯度の地域では森林が発達し，南部の高緯度地域では　ア　が広範囲に拡大した。この当時の海洋は，超大陸を取り囲む海と，大陸に入り込むテチス海と呼ばれる海が存在し，テチス海では　イ　やサンゴなどが栄えた。

　地球上の生物は，これまでに大規模な絶滅事件を何度か経験してきた。とくに(c)古生代末には，海生動物種の約95％もが絶滅した。その後，中生代にかけて生物の多様性は回復したが，(d)中生代末には再び生物の大量絶滅が起こった。

問1　上の文章中の下線部(a)に関連した文として最も適当なものを，次の①〜④のうちから一つ選べ。

① この時代の堆積岩からは，エディアカラ生物群と呼ばれる化石群が発見された。

② 海洋の生物群の中には，かたい殻や骨格をもつ動物が現れた。

③ 大量の生物群の出現により，海水中の酸素量は少なくなった。

④ この時代には，海域だけでなく陸域にも脊椎をもった動物が現れた。

問2　上の文章中の下線部(b)に関連して，古生代から中生代にかけて，陸上植物が出現した順序として最も適当なものを，次の①〜④のうちから一つ選べ。

① 裸子植物 → シダ植物 → 被子植物

② 被子植物 → 裸子植物 → シダ植物

③ シダ植物 → 被子植物 → 裸子植物

④ シダ植物 → 裸子植物 → 被子植物

問3 前ページの文章中の空欄 ア ・ イ に入れる語の組合せとして最も適当なものを，次の①～④のうちから一つ選べ。

	ア	イ
①	氷　河	カヘイ石（ヌンムリテス）
②	チャート	カヘイ石（ヌンムリテス）
③	氷　河	フズリナ（紡錘虫）
④	チャート	フズリナ（紡錘虫）

問4 前ページの文章中の下線部(c)に関連して，古生代末に絶滅した生物として最も適当なものを，次の①～④のうちから一つ選べ。

① トリゴニア
② 三葉虫
③ カブトガニ
④ デスモスチルス

問5 前ページの文章中の下線部(d)に関連して述べた文として**誤っているも**のを，次の①～④のうちから一つ選べ。

① 中生代末の大量絶滅以降に，ほ乳類が初めて出現した。
② 中生代末の大量絶滅は，巨大隕石の衝突による環境の急変が原因であると考えられている。
③ 中生代末には，恐竜やアンモナイトが絶滅した。
④ 中生代末には，大西洋やインド洋はすでに存在して広がりつつあった。

51 地球と生命の歴史について述べた次の文 a ～ c の正誤の組合せとして最も適当なものを，右下の①～⑧のうちから一つ選べ。

a バージェス頁岩(けつがん)(バージェス層)中の化石から復元されたバージェス動物群が，原生代の末期に出現した。

b 新生代には，陸上では被子植物が繁栄し，哺乳類(ほにゅう)が種類を増した。

c 世界の石炭層の多くは，5億年前に発達した大森林がもとになって形成された。

	a	b	c
①	正	正	正
②	正	正	誤
③	正	誤	正
④	正	誤	誤
⑤	誤	正	正
⑥	誤	正	誤
⑦	誤	誤	正
⑧	誤	誤	誤

52 星間雲が収縮して約46億年前に太陽系が誕生した。その中で地球においては，二酸化炭素，水蒸気，窒素などを主体とする原始の大気が形成されたが，その後，化学的な作用や生物の活動によってその組成が大きく変化した。気温はしだいに低下し，大気中の二酸化炭素は大幅に減少した。約 **ア** 億年前の地層からは，現在生存する原核生物(細菌類)とよく似た形態をもつ，生物としての外形を残した最も古い化石が見つかっている。大型多細胞生物の化石は先カンブリア時代末期の地層から発見されているが，それらにはまだ明確な骨格はなかった。約 **イ** 億年前にカンブリア紀になると生物の多様性は急激に増加し，二酸化ケイ素，炭酸カルシウムなどの骨格を持つものが増加した。その後，陸上植物が登場して大気の酸素濃度はさらに上昇し，節足動物や脊椎動物(せきつい)などが陸上に進出した。古生代後期には現在と同様の窒素と酸素を主体とする大気になった。

問1 上の文章中の空欄 **ア** ・ **イ** に入れるのに最も適当な数値を，次の①～⑥のうちから一つずつ選べ。

① 45 ② 35 ③ 25 ④ 16 ⑤ 11 ⑥ 5.4

問2　前ページの文章中の下線部に関連して，当時の大気の二酸化炭素が減少した理由について述べた文として最も適当なものを，次の①～④のうちから一つ選べ。

① 二酸化炭素は水素によって還元され，有機物が生成した。

② 二酸化炭素は熱によって炭素と酸素とに分解された。

③ 二酸化炭素は海洋に吸収され，石灰岩などとして堆積(たいせき)した。

④ 二酸化炭素はドライアイスとして地殻に固定された。

問3　先カンブリア時代の生物の活動と地球環境について述べた文として最も適当なものを，次の①～④のうちから一つ選べ。

① ストロマトライトは，主にサンゴによって作られた。

② 海水の量はしだいに減少して，生物の多様性が減少した。

③ 呼吸によって海洋の酸素濃度が上昇し，大量の石油が形成された。

④ 光合成によって海洋の酸素濃度が上昇し，縞状鉄鉱層(しま)が形成された。

問4　生物起源の堆積物について述べた文として最も適当なものを，次の①～④のうちから一つ選べ。

① 浅海で堆積した石灰岩は，主に放散虫などの二酸化ケイ素の骨格からなる。

② サンゴ，フズリナ(紡錘虫)，三葉虫などの骨格が集まって，チャートが作られた。

③ 生物起源の有機物が集積して，石油や石炭の材料となった。

④ 砂岩の石英粒子は貝や有孔虫の殻が集積したものである。

問5　地球環境を考える上で重要な氷床について述べた文として**誤っている**ものを，次の①～④のうちから一つ選べ。

① 先カンブリア時代は一般に温暖な時代であったが，その末期に氷床が発達した。

② 古生代では石炭紀やペルム紀に氷床が発達した。

③ 中生代は寒冷な時代で，全時代を通して氷床が発達した。

④ 第四紀における氷床の形成と消滅によって，海面の高さが数十～百メートルほど変化した。

なくてはならない水の話

～不足する水～

　人が1日に摂取しなければならない水の量は2.5 L といわれています。しかし，人は水を摂取するだけでは生きていくことはできず，生活にも多くの水を使います。米や野菜を作るにも水は必要で，たとえば1 kg の米を作るには，およそ5トンもの水が必要です。また，林業や工業においても，水は必要です。日本は雨量が多く，水資源に恵まれていますが，大量の農作物や木材，工業製品などの輸入を通じて，世界の水を大量に輸入しているともいえるのです。

地球上の水の割合

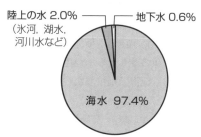

陸上の水 2.0%　　　　　　　　　地下水 0.6%
（氷河，湖水，
河川水など）

海水　97.4%

※水蒸気や雲など大気中の水は約0.001%

　地球は「水の惑星」とよばれており，地表の70％は海に覆われています。しかし，人が必要とするのは，淡水です。地球上の水のうち，淡水は3％もありません。そのうえ，淡水の大部分は氷河や地下水といった形で存在するため，すぐに使えるわけではありません。川や湖の水のように，すぐに利用できる水は0.01％にすぎず，数十億人もの人が快適に生活するためには少なすぎる量だといえます。そのため，昔から水を巡る争いは多くありました。とくにヨーロッパでは，川がさまざまな地域を通って流れることが多いため，水の奪い合いが起こることも多かったようです。ライバル（rival）という言葉は，もともとは川（river）を意味するラテン語が語源だそうです。ライバルとは水を取り合う相手だったのですね。

～過剰な水～

　生物にとって貴重な淡水は，降水によってもたらされます。降水が各地に満遍なく行き渡ればよいのですが，実際はそうはいきません。日本ではダムの貯水量が不足して水不足が問題となることも多いですが，一方で，豪雨による被害も毎年起こっています。近年はとくに局地的な豪雨が多く観測されており，俗に「ゲリラ豪雨」とよばれています。

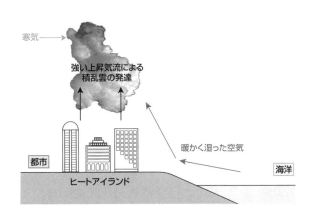

　気象庁がアメダスで観測した1時間降水量50 mm以上の観測数（全国1300地点あたり）は，1980年頃は1年間に220回程度でしたが，2020年頃は290回程度となり，明らかな増加傾向が見られます。1時間降水量50 mmの雨というのは，1時間で屋外プールの水位が5 cm上昇するくらいの雨です。これだけだと大した量ではないように思いますが，水は低いところに向かって流れるため，低地では水かさが一気に増します。また，都市部では，地下に水がしみ込まないため，都市の排水能力を上回りやすく，洪水が起こりやすくなっています。このため，都市では，降水を地下の巨大な貯水場にためる施設の運用が始まっており，被害の低減に効果を上げています。

　局地的豪雨は主に積乱雲の発達によって起こるものですが，積乱雲は，豪雨だけでなく，突風や雷をともなうことも多く，近年，竜巻による被害の観測も増えています。竜巻の被害が及ぶのは比較的狭い範囲ですが，風速は50 m/sを超えるものもあります。

（写真提供：NASA）

6-1 地球環境とその変化

■地球環境

地球では，大気，海洋，氷河，地殻やマントルなどが，物質やエネルギーのやり取りを通じて，互いに影響を及ぼしあっており，水や炭素，硫黄などの物質は，大気や海洋，地殻などを循環している。下図は炭素の循環の様子である。

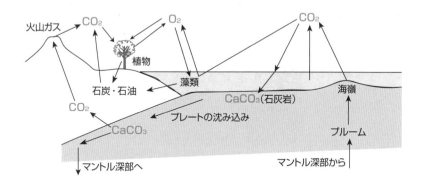

■正と負のフィードバック

複雑な地球環境のシステムでは，何かのきっかけで変化が起こると，さまざまな過程が連鎖的に起こる。このうち，初めの変化を強める方向に作用するはたらきを**正のフィードバック**，弱める方向に作用するはたらきを**負のフィードバック**という。

正のフィードバックの例 気温が上がる → 海氷がとけて減る → 海氷による太陽放射の反射が減る → 気温が上がる

負のフィードバックの例 気温が上がる → 化学的風化が促進される → 二酸化炭素の消費が増える → 気温が下がる

■地球温暖化

右上図のように，世界の平均気温は上昇傾向にあり，特に1970年以降は上昇傾向が強まっている。温室効果ガス（**二酸化炭素**，**メタン**，**水蒸気**など）の増加などによって，地球の平均気温が高くなる現象を地球温暖化といい，**海面上昇**や**氷河の後退**，気候変動の原因となっている。20世紀中頃からの地球温暖化の主な原因は，化石燃料（石油，石炭，天然ガス）を燃焼させ，大量の二酸化炭素を発生させたためであると考えられている。

2015 年には，温室効果ガスの排出削減に取り組む「パリ協定」にすべての参加国が合意した。これは，世界の平均気温の上昇を，産業革命前から 2 ℃未満に抑えることを目指すものである。一方で，気候変動の予測を行っている「気候変動に関する政府間パネル（IPCC）」は，温室効果ガスの排出量を厳しく規制した場合，2100 年には気温の上昇が 1〜2 ℃程度に収まるが，規制しなければ最大 5 ℃程度になると予測しており，予断を許さない状況が続いている。

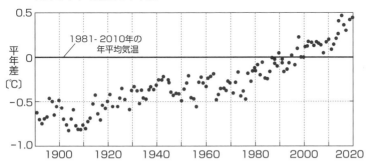

世界の年平均気温の平年差

■火山噴火による環境変化

大規模な火山噴火が起こると，噴煙が成層圏まで達することがある。成層圏に達した噴煙から生じる硫酸の液滴は数年の間，成層圏にとどまり，地表に達する太陽放射量を減少させて，平均気温を下げることが知られている。

■オゾン層の破壊

冷蔵庫やスプレー，工業用洗浄剤などに使われていた**フロン**が成層圏に達すると，太陽光に含まれる**紫外線**がフロンを分解することによって生じる塩素原子が，オゾンを破壊する。オゾンの濃度がとくに低い部分は**オゾンホール**とよばれ，1980 年代に入ってから南極上空で観測され始めた。オゾン濃度の減少によって，地上に届く紫外線が増加した地域では，紫外線が生物に悪影響を及ぼすと考えられている。

1987 年にモントリオール議定書が採択され，国際的にフロンの放出が規制された結果，21 世紀中頃には，オゾン層がオゾンホール発生前の状態まで回復すると予想されている。

■酸性雨

石油・石炭の燃焼や火山活動によってできる硫黄酸化物や窒素酸化物などによって酸性度が強くなった雨のことを**酸性雨**という。土壌や湖などに降り注ぐ酸性雨は，生物にも影響を与える。

■森林破壊・砂漠化

伐採や開墾による森林の減少は，降水量の減少，土地の乾燥化の原因になり，砂漠化が進行する。これは，気候の変化やエネルギー収支，水の循環に影響を与える。

中国やモンゴルの砂漠では，春に発生する低気圧によって，砂の粒が上空に巻き上げられて，偏西風に乗って日本にもやってくる（北アメリカ大陸まで達するものもある）。これを黄砂という。黄砂は，自然現象によるものだけでなく，人為的な砂漠化の影響もあると考えられており，近年発生が増加している。

■都市気候

人口の集中による熱の放出量の増加や，植物の減少，コンクリートやアスファルトの増加などが原因で，都市の温度が郊外と比べて高くなる現象を**ヒートアイランド**といい，局部的な上昇気流によって局地的な大雨が降るなどの現象が起こる。

標準マスター

地球の環境に関連した**問1～問3**の用語に関する記述として**適当でない**ものを，それぞれの選択肢のうちから一つずつ選べ。

問1 地球温暖化
① 大気中の酸素は紫外線を吸収するので，近年の酸素の増加が温暖化の原因になっている。
② 大気中のメタンが増加すると，温暖化が促進される。
③ 化石燃料の大量消費は温暖化の原因になる。
④ 温暖化は海面上昇の原因になる。
⑤ 温暖化により，山岳氷河の後退や大陸氷河の減少が起こる。

問2　オゾン層
　① オゾン層保護のためフロンの製造が国際的に規制された。
　② 大気中の酸素濃度が上昇することでオゾン層が形成された。
　③ オゾン層は主に赤外線によって生成されている。
　④ オゾンホールは南極上空においてよく発生している。
　⑤ オゾン層は太陽からの紫外線を吸収している。

問3　大気汚染
　① 化石燃料の大量消費が原因となって大気汚染が起こる。
　② 大気汚染は酸性雨の原因となっている。
　③ フロンの放出が主な原因となって大気汚染が起こる。
　④ 大気汚染は人間の健康に影響を与えることもある。

解説

問1　正解　①

　地球温暖化は**温室効果ガス**（二酸化炭素，メタン，水蒸気など）の増加によって引き起こされると考えられており，酸素は温暖化の原因ではない。化石燃料の大量消費などによって二酸化炭素が増加することで温暖化が進み，海面上昇や，氷河の後退・減少が起こっている。

問2　正解　③

　成層圏中の酸素が**紫外線**を吸収することによってオゾンが形成される。オゾン層は**フロン**によって破壊されることがわかり，その製造が規制されるようになった。オゾン層の破壊はとくに**南極上空**で顕著であり，オゾン濃度が低くなっているところは**オゾンホール**とよばれている。

問3　正解　③

　大気汚染は，化石燃料の燃焼によってできる硫黄酸化物，窒素酸化物，塩化水素，非常に小さいダスト（塵）などによって起こる。硫黄酸化物，窒素酸化物，塩化水素は**酸性雨**の原因になり，生物に大きな影響を与えている。

次の図は，岩手県の大船渡における 2001 年から 2010 年までの二酸化炭素濃度の月別平均値の推移を示したものである。この図から考えられる事柄として**適当でないもの**を，下の①〜⑤のうちから一つ選べ。

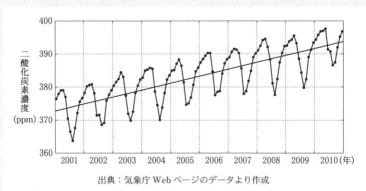

出典：気象庁 Web ページのデータより作成

(注)　図中の斜めの直線は，月別平均値から求めた二酸化炭素濃度の長期的変化の傾向を示す。

① 二酸化炭素濃度は，春にピークを迎え，夏場は低い。
② 各年の変動幅が 20 ppm を超えたことはない。
③ 2002 年以降，各年の最大値が前年より小さくなったことはない。
④ 二酸化炭素濃度の 1 年ごとの平均増加量は，3 ppm である。
⑤ 二酸化炭素濃度がこの傾向で増加すると，2070 年には 500 ppm を超える。

　　正解　④

　図のように，近年，二酸化炭素濃度は，年を追うごとに増加している。これは，**化石燃料の燃焼**などの人間活動が原因である。二酸化炭素濃度を表すには，ppm をよく用いる。1 ppm は 100 万分の 1 のことである。

　図中の「・」は各月の値，縦の点線は 1 年の区切りを表す(点線のすぐ右の「・」が 1 月の値を表す)。図で，1 年周期の変化は，昼が長い春から夏にかけては植物の**光合成**が盛んなので二酸化炭素が減る一方で，昼が短く落葉樹の葉が落ちる秋から冬にかけては光合成量が少なくなることによって起こる。

①〜③　1年の中で，二酸化炭素濃度が最大なのは4月頃，最小なのは8月頃である。また，1年の中での最大値と最小値の差は20 ppmを超えず，各年の最大値は年々大きくなっている。

④　斜めの直線に着目すると，10年間で$(394-373=)$21 ppm程度増えているので，1年当たりの平均増加量は21 ppm÷10年＝2.1 ppm/年である。

⑤　この傾向で増加すると，2011年から2070年までの60年間の増加量は，2.1 ppm/年×60年＝126 ppmと計算でき，2070年末時点での二酸化炭素濃度は，394 ppm＋126 ppm＝520 ppm程度と推定される。

　　地球誕生時の大気には多量の二酸化炭素が含まれていたが，その後，減少してきた。この原因について述べた文として最も適当なものを，次の①〜④のうちから一つ選べ。

①　軽い気体なので，宇宙空間に逃げていった。

②　40億年前，植物の光合成によって一気に減少した。

③　海水に溶けこみ，海水中の鉄と反応して，縞状鉄鉱層を形成した。

④　海水に溶けこみ，海水中のカルシウムと反応して，石灰岩になった。

解説・・・・・・・・・・・・・・・・・・・・・・・・・・

正解　④

①　二酸化炭素は比較的重い気体なので，地球の重力で十分引きつけておくことができる。

②　40億年前には光合成をする生物はまだ現れていない。

③　海水中の鉄と反応して**縞状鉄鉱層**を形成したのは，**酸素**である。

④　**二酸化炭素は水に溶けやすく**，海水に溶けた**二酸化炭素は，カルシウムと反応して石灰岩**になった。

CHECK

☑温室効果ガスである二酸化炭素の濃度は，化石燃料の燃焼などによって，近年，上昇を続けている。

☑南極上空などのオゾンが少ない領域は，**オゾンホール**とよばれる。

日本の自然環境

■日本の様々な資源

日本の四季ごとの特徴ある景観は貴重な**観光資源**である。とくに，火山周辺は風光明媚なところが多く，国立公園になっているところも多い。また，地球科学的に重要な自然は「ジオパーク」に認定されている。火山活動によってできた鉱床も多く，日本の**金属資源**は，量は少ないが種類は豊富である。

エネルギー資源については，化石燃料はほとんど輸入に頼っているが，地熱や風力，太陽光などを利用した**再生可能エネルギー**の開発が進んでいる。また，日本近海には，次世代のエネルギー資源の候補である**メタンハイドレート**（メタンと水でできた氷状の物質）が多く存在すると考えられている。

■ハザードマップ

さまざまな災害に備え，地方自治体などは，被災が想定される地域や避難場所などを示した地図を作成している。これを**ハザードマップ**という。

■火山災害

火山は，温泉などの恩恵をもたらす一方，活動が始まると周辺部では大きな被害が出る。主な火山災害には，以下のようなものがある。

溶岩流	溶けた溶岩が流れる。1986 年の伊豆大島では島民全員が避難した。
火山灰	降灰により健康被害などが起こる。桜島など。
火砕流	高温の火山砕屑物が火山ガスとともに山体を流れ下る。時速 100 km を超えることもあり，逃げることは難しい。1991 年の雲仙普賢岳（うんぜん ふ げんだけ）など。
火山泥流（でいりゅう）	火山砕屑物と水が混じり合って高速で流れ下る。堆積した火山砕屑物に雨が降ったり，積もった雪が噴火の熱でとけたりすることで発生する。
山体崩壊	火山が大きく崩れること。崩壊に伴い**岩屑**（がんせつ）**なだれ**が発生することが多い。1792 年の雲仙普賢岳の噴火では，眉山（まゆやま）が崩壊して有明海に流れこんだため津波が発生し，対岸の熊本県を襲った（このように海底の隆起・沈降を伴わない津波もある）。

日本の活火山のうち，特に活発な火山は常に観測が行われており，観測をもとに噴火警戒レベルが発表されるなど，防災に活用されている。2000 年の有珠山（すざん）の噴火では，事前避難が成功し，1 人も犠牲者が出なかった。

■地震災害

建造物の倒壊	1995年の兵庫県南部地震（阪神・淡路大震災）では，犠牲者約6000人の大半は建造物の倒壊や家具の転倒によるものだった。建造物は固有の周期で振動しやすい。長い周期のゆれは**長周期地震動**とよばれ，減衰しにくいため遠くまで伝わり，高層ビルを大きくゆらすことがある。
液状化現象	地震動によって，砂の粒が水に浮いた状態になること。川や海の近く，埋立地で建物が傾くなどの被害が出る。
津波	海底の急激な隆起や沈降によって発生する波。2011年の東北地方太平洋沖地震（東日本大震災）では，海岸線での波高が10m超の津波が沿岸部を襲い，甚大な被害をもたらした。

緊急地震速報は，P波の観測データをもとに，S波が届く（大きな揺れがくる）前に地震を通知するが，震源が近いと速報が間に合わないこともある。

■台風による災害

日本列島に近づく台風は，8月から9月にかけて多くなる。台風による災害は，強風や大雨，高潮などによって引き起こされる。台風の風は，進行方向右側で強い。高潮は，台風の接近に伴う気圧の低下と強風による海水の吹き寄せによって，通常よりも海水の水位が上昇する現象である。

■土砂災害

土砂災害の多くは大雨により発生するが，地震や火山活動によっても起こる。

がけ崩れ	急斜面の土砂が一気に崩れ落ちる。斜面崩壊ともいう。
地すべり	斜面の広い範囲で，土砂が形を保ちながらすべり落ちる。
土石流	土砂が水と混じり合い，高速で川や斜面を流れ下る。がけ崩れや地すべりと違って，長い距離を移動する。

■気象災害

集中豪雨	同じ場所に数時間以上にわたって大量の雨が降る現象。前線に湿った空気が流れこむなどし，積乱雲が同じ場所で発生をくり返すことにより起こる。
竜巻	積乱雲に伴う強い上昇気流によって発生する激しい渦巻き。ろうと状の雲を伴うことが多い。

149

標準マスター

　火山と人間生活について述べた文として最も適当なものを，次の①〜④のうちから一つ選べ。
① 火山は，災害をもたらすばかりで，恩恵はほとんどない。
② 日本の火山の噴火は爆発的なものが多く，大きな災害も多い。
③ 火山ガスのほとんどは水蒸気で，有害なガスはない。
④ 火砕流は流れる速度が遅いので，ゆっくり避難できる。

正解 ②

　火山は**観光資源**に活用されており，**地熱発電**にも利用されている。日本の火山はマグマの粘性が大きいため爆発的な噴火をするものが多く，被害も大きい傾向がある。火山ガスには有毒な硫黄化合物も含まれている。**火砕流**は時速 100 km を超えるものもあり，場所によっては発生してからの避難では遅い。

　集中豪雨やそれに伴う災害についての記述として**適当でないもの**を，次の①〜⑤のうちから一つ選べ。
① 天気図のみからでは，降雨場所の予測が難しい場合がある。
② 集中豪雨による災害は，日本では冬季に多く発生している。
③ 下水道や地下の施設に大量の水が流れ込んで災害を起こすことがある。
④ 河川の水位が急激に上昇することがある。
⑤ 落雷による被害が発生することがある。

正解 ②

　集中豪雨は**積乱雲**の発達によって狭い範囲に起こることが多いため，広範囲の天気図からは予測が難しい。集中豪雨は春から秋にかけて多く，河川の水位が急激に上昇することがある。都市で排水能力を超える集中豪雨が起こると，下水道があふれたり，地下街や地下鉄構内に水が流れ込んだりする。

前線は悪天をもたらすことが多く，日本付近においても前線の活動によってさまざまな災害が発生することがある。前線の活動に伴って起こる激しい気象現象について述べた文として**適当でないもの**を，次の①〜③のうちから一つ選べ。

① 梅雨末期には，梅雨前線に向かって南から暖かく湿った空気が流れこむことで，集中豪雨が発生することがある。

② 9月頃に日本付近に停滞する秋雨前線は，台風が接近すると暖かく湿った空気の供給によって活発になり，しばしば大雨をもたらす。

③ 冬に低気圧が日本海上で発達して西高東低の気圧配置になると，低気圧の中心付近にある停滞前線が，日本海側地域にしばしば豪雪をもたらす。

解説・・・・・・・・・・・・・・・・・・・・・・・・・・・・・・・・・・・・・

正解　③

　西高東低の気圧配置は，大陸上にシベリア高気圧があり，オホーツク海付近に低気圧があるときに生じる。また，日本海側の豪雪は，停滞前線によるものではなく，シベリア高気圧からの季節風によってもたらされる。

📖赤シートCHECK

☑地震動により地盤の砂が水に浮いた状態になることを液状化現象という。

☑海底近くで発生する地震の活動によって海底が隆起または沈降し，これによって発生する波のことを津波という。

解答は別冊 27 ～ 30 ページ

53 　地球の気候は，太陽活動，火山活動，(a)温室効果ガス，海流の変化など
の影響を受け，寒暖を繰り返す。次の図1は，日本の年平均地上気温の経年
変化である。(b)5年間の平均値の変化（太線）を見ると，期間Iと期間IIの
ように気温の上昇傾向が鈍っていた時期もあるが，100年間の長期変化傾向
を示す直線は温暖化の傾向を示している。化石燃料の代替エネルギーの利用
が促進されているものの，(c)長期的には今後のさらなる温暖化が危惧されて
いる。

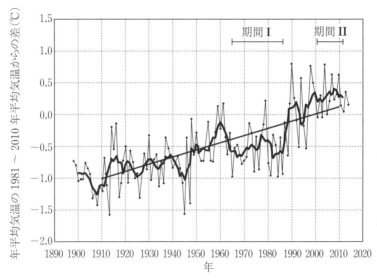

図 1　日本の年平均地上気温の経年変化

　各年の年平均値の変化を細線で示し，その年を中心とする5年間の平均値
の変化を太線で示す。また，直線は100年間の気温上昇の傾向を示し，その
傾きは気温上昇率を表す。

問1 下線部(a)に関して，水蒸気とメタンの二種類のガスを，温室効果ガスとそうでないものに分類した。この分類の組合せとして最も適当なものを，次の①〜④のうちから一つ選べ。

	水蒸気	メタン
①	温室効果ガス	温室効果ガス
②	温室効果ガス	温室効果ガスではない
③	温室効果ガスではない	温室効果ガス
④	温室効果ガスではない	温室効果ガスではない

問2 下線部(b)に関して述べた次の文 a・b の正誤の組合せとして最も適当なものを，下の①〜④のうちから一つ選べ。

a 20世紀を通して宇宙空間へ放射される地球放射が増え続けた結果，温暖化傾向となった。

b 温暖化が鈍った期間（Ⅰ，Ⅱ）は，代替エネルギー利用の促進や原子力発電所の増加により，地球大気中の二酸化炭素濃度が減少した。

	a	b
①	正	正
②	正	誤
③	誤	正
④	誤	誤

問3 下線部(c)に関連して，仮に2010年以降の気温上昇率が，図1の直線の傾きの2倍になるとすると，2060年には，2010年よりも何度気温が上がると考えられるか。最も適当な数値を，次の①〜④のうちから一つ選べ。

① 1.1℃   ② 3.3℃   ③ 5.5℃   ④ 7.7℃

54 降雨の酸性化と大気汚染に関する次の文章中の空欄 ア ～ ウ に入れる語の組合せとして最も適当なものを，下の①～⑧のうちから一つ選べ。

　人為的な大気汚染の影響を受けなくても，大気中を浮遊している水滴には ア が溶け込んで酸性となる。原始地球の イ は，原始大気中に高濃度に存在した ア の吸収に重要な役割を果たした。一方，石炭や石油などの化石燃料が燃やされることによって生じた ウ は，降雨の酸性化の人為的な原因として大きな問題になっている。

	ア	イ	ウ
①	酸　素	陸　地	炭化水素
②	酸　素	陸　地	酸化物
③	酸　素	海　洋	炭化水素
④	酸　素	海　洋	酸化物
⑤	二酸化炭素	陸　地	炭化水素
⑥	二酸化炭素	陸　地	酸化物
⑦	二酸化炭素	海　洋	炭化水素
⑧	二酸化炭素	海　洋	酸化物

55 タカシさんとケイコさんは大気汚染とオゾンについて環境省のウェブページで調べてみた。次の文章中の空欄 | ア | 〜 | ウ | に入れる語の組合せとして最も適当なものを，下の①〜⑧のうちから一つ選べ。

タカシ：オゾンは光化学スモッグの主成分で，高濃度のオゾンは植物の成長にも影響を与えるようだ。日本の地上で観測されるオゾンには，国内の大気汚染物質に由来するものだけでなく，大陸のほうから | ア | によって運ばれてくるものもあるね。

ケイコ：このオゾンはオゾンホールとは関係ないのかしら。

タカシ：オゾンホールが関係するオゾンは | イ | に分布していて，広域大気汚染で問題となっているオゾンとは分布する高度が違うよ。

ケイコ：オゾン層の形成は | ウ | の生物の陸上進出に重要な役割を果たしているし，オゾンは地球環境にさまざまな影響を与えているのね。

	ア	イ	ウ
①	偏西風	成層圏	先カンブリア時代
②	偏西風	成層圏	古生代
③	偏西風	対流圏	先カンブリア時代
④	偏西風	対流圏	古生代
⑤	貿易風	成層圏	先カンブリア時代
⑥	貿易風	成層圏	古生代
⑦	貿易風	対流圏	先カンブリア時代
⑧	貿易風	対流圏	古生代

56 ヒトミさんとマコトさんは火山活動と人間生活との関係に興味をもった。

ヒトミ：火山は(a)人間の役に立つことも多いけれど，噴火すると周辺に被害を与えるわね。火山噴火に備えて防災対策を立てるには，その火山活動の過去の様子を知っておくことが大事よね。

マコト：過去の噴火記録を図書館で調べてみたら，図1を見つけたよ。これは，過去の記録からある火山の噴火の回数を100年ごとにまとめたものなんだ。

ヒトミ：近年の噴火だけでなく，千年以上も前の記録もあるのね。

マコト：昔の記録は古文書などに残されたものだから，現代の記録のように詳しいものではないけれど，(b)古い記録を調べることで，噴火の頻度などの情報をふやせるね。

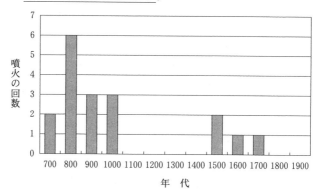

図1　ある火山の過去の噴火記録

問1　上の会話文の下線部(a)に関連して，次の文Ⅰ～Ⅳのうち，火山が人間に役立つことを述べた文の組合せとして最も適当なものを，下の①～⑥のうちから一つ選べ。

Ⅰ　火山灰で覆われた台地は，扇状地よりも水稲栽培に適している。

Ⅱ　火山地帯には，地熱発電に利用できる場所がある。

Ⅲ　火山の周辺には，観光資源となりうる独特の景観が広がっていることが多い。

Ⅳ　火山灰の地層には，石油が含まれていることが多い。

① Ⅰ・Ⅱ　　　② Ⅰ・Ⅲ　　　③ Ⅰ・Ⅳ

④ Ⅱ・Ⅲ　　　⑤ Ⅱ・Ⅳ　　　⑥ Ⅲ・Ⅳ

問2 前ページの会話文の下線部(b)に関連して，図1からわかることとして最も適当なものを，次の①～④のうちから一つ選べ。

① 最後の噴火記録から現在まで，300年以上経過している可能性がある。

② この火山は，700年代から1000年代にかけて噴火活動が比較的盛んだったが，その間の噴火回数の合計は13回を超えない。

③ 噴火の回数が多い時期には，それに比例して各回の噴火の爆発規模も大きくなっている。

④ この火山は，700年代より前に噴火したことがない。

問3 二人は，火山のハザードマップを入手し，噴火による被害について話し合った。次の会話文中の空欄 ア ・ イ に入れる語の組合せとして最も適当なものを，下の①～⑨のうちから一つ選べ。

マコト：噴火が想定されている火口から遠いほど安全だよね。だから，被害予想区域は，火口を中心とする円形の範囲だと思っていたけれど，ハザードマップを見ると，必ずしもそうではないね。

ヒトミ：火口から流れ出る溶岩の粘性が小さければ，その流れの向きは ア に大きく影響されるし，火山の上空に吹き上げられた火山灰の移動は，気象条件に左右されるよ。

マコト：だから，火山の噴出物による被害予想区域は，単純な円形ではないんだね。

ヒトミ：高温の火山ガスが大量の火山灰や溶岩の破片を巻き込んで火山の斜面を高速で流れ下る イ の流れの向きも， ア の影響を受けるね。

	ア	イ
①	地　形	火砕流
②	地　形	土石流
③	地　形	溶岩流
④	地　熱	火砕流
⑤	地　熱	土石流
⑥	地　熱	溶岩流
⑦	地下水	火砕流
⑧	地下水	土石流
⑨	地下水	溶岩流

問4 問3の会話文に関連して，二人はある火山の噴火における単位面積あたりの降灰量を示した次の図2を入手した。図2からわかることとして**適当でないもの**を，下の①～⑤のうちから一つ選べ。

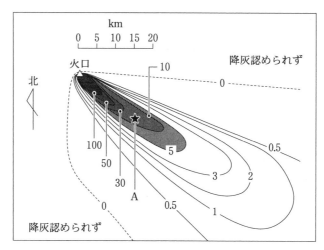

図2　ある噴火における降灰量(kg/m^2)の分布

① 噴火時には，火口の上空でほぼ北西の風が吹いていたと考えられる。

② 火口から5 km以内の距離でも，降灰が認められなかった地域がある。

③ 降灰量は，A地点から南東方向に離れるよりも，南西方向に離れる方が急激に変動する。

④ 降灰量が5 kg/m^2以上の地域の面積は，1000 km^2を超えない。

⑤ 火口から10 km以上離れた地域で，降灰量が10 kg/m^2を超えたところはない。

57 次の図は，世界各地の 2006 年から 2010 年までの二酸化炭素濃度の月別平均値の推移を示したものである。この図に関する下の文 I 〜 IV のうち，正しい記述の組合せとして最も適当なものを，下の①〜⑥のうちから一つ選べ。

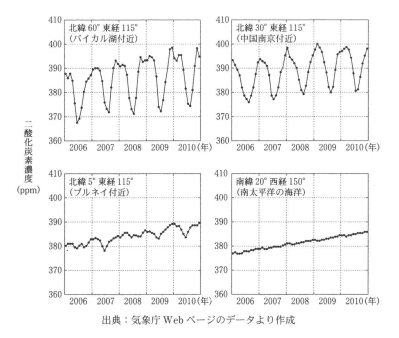

二酸化炭素濃度 (ppm)

出典：気象庁 Web ページのデータより作成

I 北半球・南半球ともに，高緯度地域では二酸化炭素濃度の季節変動の幅が大きい。

II 熱帯付近では，年間を通じ二酸化炭素の吸収量と排出量の差が少なく，変動幅が小さい。

III 南太平洋の海洋では，水温が高く二酸化炭素がよく吸収されるので，顕著な季節変動が見られない。

IV 各年の二酸化炭素濃度の変動は，主に陸域の植物のはたらきの季節差による。

① I ・ II　　② I ・ III　　③ I ・ IV

④ II ・ III　　⑤ II ・ IV　　⑥ III ・ IV

58 海では深くなるほど水温が低くなっているのに対し，大気の対流圏では上空ほど気温は低くなっており，海洋と大気はそれぞれの温度の高い部分で接している。両者の接している海面での総蒸発量は総降水量より　ア　，陸域　イ　になっており，海面での総蒸発量と総降水量の差は　ウ　量とつり合っていて，地球上の水や物質の循環と密接に関連している。地球上の水や物質の循環は我々に恩恵をもたらしているが，人間活動が自然環境を変えている事態も増えてきており，排気ガスなどによる大気汚染の影響は，都市域などの限られた地域だけにはとどまらなくなってきている。

問1　文章中の空欄　ア　～　ウ　に入れる語句の組合せとして最も適当なものを，次の①～⑧のうちから一つ選べ。

	ア	イ	ウ
①	少なく	でも同様	河川や地下水による水の輸送
②	少なく	でも同様	湖沼や氷河による水の貯留
③	少なく	ではその反対	河川や地下水による水の輸送
④	少なく	ではその反対	湖沼や氷河による水の貯留
⑤	多 く	でも同様	河川や地下水による水の輸送
⑥	多 く	でも同様	湖沼や氷河による水の貯留
⑦	多 く	ではその反対	河川や地下水による水の輸送
⑧	多 く	ではその反対	湖沼や氷河による水の貯留

問2　次の文a～dのうち，暖かい空気のほうが冷たい空気よりも軽いという性質によって生じる大気の構造や動きについて述べた文の組合せとして最も適当なものを，下の①～⑥のうちから一つ選べ。

　a　台風は強い上昇気流を伴っている。

　b　曇天日の1日の中での温度差は，晴天日にくらべて小さいことが多い。

　c　海岸の近くでは，天気の良い昼間に，海から陸に向かって風が吹く。

　d　成層圏では上空に行くほど温度が高い。

① aとb　　② aとc　　③ aとd

④ bとc　　⑤ bとd　　⑥ cとd

問3 下線部に関連して，人間活動の影響ではなく，自然現象であると考えられている現象として最も適当なものを，次の①〜④のうちから一つ選べ。

① 1900年代の半ば以降，地球全体の平均気温はそれまでに比べて急激な上昇を示しており，氷河の後退や海面の上昇が起こっている。

② 南極上空でオゾン濃度の著しく低い部分が生じ，地上に到達する紫外線が増加した。

③ 窒素酸化物などが溶け込んだ酸性度の高い雨が降ることによって，世界各地の植生や建造物に大きな影響を与えている。

④ 太平洋赤道域の東寄りの海域で，数年に一度海面水温が高くなり，それに対応して降雨の分布が変化する。

7 共通テストの対策法を伝授

■何はともあれ教科書の徹底的な理解を！

地学基礎は頭に入れるべき知識が多く，その知識をもとに考えることで得点に繋がる科目である。共通テストでは思考力を要する考察問題が出題されるが，知識で解ける問題も多数出題されるため，基本知識を用いて対応することで，それなりの得点に到達することが可能だ。そのため，応用問題や思考力を要する問題に取り組む前に，教科書で学んだ知識を定着させ，適切にアウトプットできる力を優先して身につけることが重要だ。

知識を習得する際には，本書の要点（POINT）や教科書を熟読しよう。この際，常に**「なぜそうなるのか」を意識しながら読み進める**ことで，単なる暗記ではなく，理解して身につく知識となる。また，文章だけではなく，**図や表とセットで頭に入れる**ことも重要だ。本書の要点や教科書にはたくさんの図や表，グラフが掲載されているので，それらを確認しながら進めよう。

■初見の題材・問題でも焦らない。

今までの共通テストでは，教科書には載っていない事象を題材とした出題があり，今後もこのような問題が出題されるものと予想される。初見の題材には，戸惑う人も多いだろう。しかし，**問題文には必ずヒントがある**。教科書などから得た知識を総動員しながら問題文を読み進めれば，おのずと解決のためのキーワードやキーセンテンスが見えてくるはずだ。これらが連想ゲームのように繋がってくれば，解答はそう難しくない。

■問題演習を積もう！

共通テストでは，計算や考察を伴う問題も出題されるため，単に知識を頭に入れているだけでは，太刀打ちできないことがある。そのため，問題演習は必須となる。まずは本書の問題をストレスなく解けるまでやり込み，その後，数年分の共通テストの過去問や，共通テストと同じ形式の模擬問題に取り組もう。

問題演習に際しては，まずは自力で考えて解くこと。そして，**わからない点はそのままにせず**，教科書や図説などでその都度確認すること。問題ごとに「出来具合い」を書き込んでおくと，2回目以降の取り組みが効率化する。

　探究活動に取り組むとき，観察事実と，考察で得られる事柄とを区別することは大切である。和子さんが土石流によって形成された未固結堆積物（固結していない堆積物）を調査したときのレポートの一部を次に示す。レポート中の ア ・ イ に入れる語句として最も適当なものを，それぞれ次の①〜④のうちから一つずつ選べ。

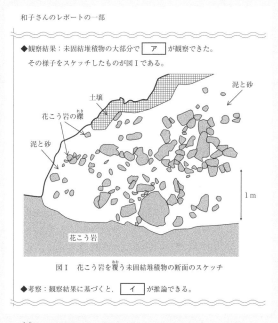

和子さんのレポートの一部

◆観察結果：未固結堆積物の大部分で ア が観察できた。

その様子をスケッチしたものが図Ⅰである。

図Ⅰ　花こう岩を覆う未固結堆積物の断面のスケッチ

◆考察：観察結果に基づくと， イ が推論できる。

① 泥，砂，礫がほぼ同時に堆積したこと
② 泥と砂の中に礫が分散して分布していること
③ 礫，砂，泥の順に堆積したこと
④ 泥，砂，礫が層状に分布していること

正解 ア ②， イ ①

　設問文にあるように，観察結果は観察した事実を，考察は観察結果から考えられることや，導かれた結論を示すものであり，これらを区別することは大切である。図から泥と砂の中に礫が分散しているという事実（②）が読み取れる。このことから，泥，砂，礫がほぼ同時に堆積したこと（①）が推論できる。

高校生のＳさんは，太陽の主成分は　ア　であることを学んだ。さらに，太陽の黒点は太陽の自転とともに移動すると聞いたＳさんは，その様子を実際に確かめてみたいと考え，天体望遠鏡の太陽投影板に映した黒点を観察することにした。

問1　上の文章中の　ア　に入れる元素名と，その元素の起源について述べた文の組合せとして最も適当なものを，次の⓪～④のうちから一つ選べ。

	元素名	起　源
⓪	水　素	太陽の内部で核融合反応によりできた。
②	水　素	ビッグバンのときにできた。
③	炭　素	太陽の内部で核融合反応によりできた。
④	炭　素	ビッグバンのときにできた。

問2　上の文章中の下線部について，Ｓさんは6月上旬に，ある黒点を毎日正午に観察した。次ページの図1は，観察することができた6月4日と6月6日，6月7日の黒点のスケッチをまとめたものである。この図1から，太陽が自転していることが確認できる。この黒点の大きさと，地球から見た太陽の自転周期について，図1からわかることの組合せとして最も適当なものを，次の⓪～④のうちから一つ選べ。

	黒点の大きさ	地球から見た太陽の自転周期
⓪	地球の直径の約0.05倍	約13日
②	地球の直径の約0.05倍	約27日
③	地球の直径の約5倍	約13日
④	地球の直径の約5倍	約27日

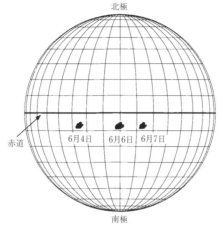

北極

赤道

6月4日　6月6日　6月7日

南極

図1　観察した黒点の移動

太陽面の経線と緯線は 10°ごとに描かれている。

問1 正解 ②

太陽の元素組成は，**水素** 92 %，ヘリウム 8 %，その他 0.1 % である。太陽に含まれる水素の多くは，**ビッグバン**による宇宙の膨張の過程でつくられた。なお，太陽の中心部では，4 つの水素の原子核から 1 つのヘリウムの原子核が生じる核融合反応が起こっており，太陽に含まれるヘリウムの中にはこうして合成されたものもある。

問2 正解 ④

太陽の直径は地球の約 100 倍である。また，図 1 の経線と緯線が 10° ごとに描かれていることに注目すると，黒点の大きさは太陽の約 6° に対応する長さに等しい。以上より，地球の半径を R，求める黒点の大きさを x とすると

$$x : 6° = 2\pi \times 100R : 360°$$

円周率 π を 3 で近似すれば，$x \fallingdotseq 10R$ となり，黒点の大きさ x は地球の直径 $2R$ の約 5 倍であるとわかる。

黒点は，太陽の自転とともに移動する。図 1 の 6 月 4 日と 7 日に着目すると，黒点は 3 日間で約 40° 移動しているので，求める自転周期を T とすると

$$T : 360° = 3 \, 日 : 40° \qquad \therefore \quad T = 27 \, 日$$

7章 実戦クリアー

解答は別冊 31 〜 35 ページ

59 秋田県に住む H さんは，夏休みに以下のような過去の地震によって生じた断層を見つけ，観察することにした。

【調査・観察】

1896 年 8 月 31 日に岩手県と秋田県の県境を震源とする陸羽地震が起きた。この地震のマグニチュードは 7.2 で，東北地方では大規模な内陸直下型地震であった。震央付近では震度 6〜7 の揺れが起き，東北地方一帯に広く揺れが広がった。この地震では南北方向の 2 列の地震断層が地表に現れた。図 1 の奥羽山脈を挟んだ 2 列の断層が千屋断層と川舟断層である。図 2 は千屋断層の露頭をスケッチしたものであり，第四紀に形成された段丘を構成する礫層に乗りあがるように新第三紀層がみられた。

図 1 千屋断層と川舟断層を含む断層帯

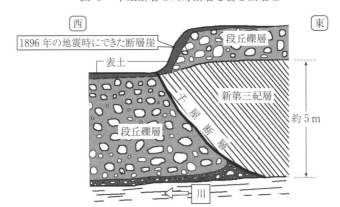

図 2 千屋断層の東西断面がわかる露頭

【仮説】 以上のことから，Hさんはこれら2列の断層ができた原因として，岩盤に主に水平方向の圧縮力が加わって生じたという仮説を立てた。そしてこの仮説が正しいかどうかの検証作業を行うことにした。

【作業】千屋断層の種類を調べる。

問1 図2のスケッチから，この断層の種類は何だと考えられるか。最も適当なものを，次の①～④のうちから一つ選べ。
① 正断層 ② 逆断層
③ 右横ずれ断層 ④ 左横ずれ断層

【推定】千屋断層と同時に現れた川舟断層の種類などから，2列の断層に挟まれた奥羽山脈の変動を推定する。

問2 千屋断層と同時に現れた川舟断層も千屋断層と同じ種類の断層であったが，断層面の傾斜は千屋断層と反対の方向であった。このことから，2列の断層に挟まれた奥羽山脈は，断層形成時にどのような動きをしたと考えられるか。最も適当なものを，次の①～④のうちから一つ選べ。

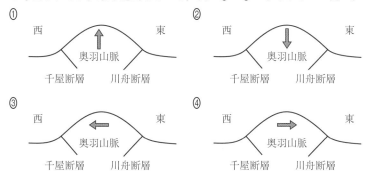

【検証】仮説の検証を行う。

問3 岩盤には常に様々な方向から圧縮力がはたらいているが，力の大きさが方向によって異なれば，岩盤が破壊されて断層が生じる。図1のような2列の断層が生じたのは，岩盤にどのような方向の力がはたらいた結果と考えられるか。最も強く圧縮力がはたらいた方向として最も適当なものを，次の①～③のうちから一つ選べ。
① 南北方向 ② 東西方向 ③ 鉛直(上下)方向

60 次の文章(**A・B**)を読み，下の問いに答えよ。

A Mさんは課題研究で住まいの近くにある小高い山の地層や化石を調べた。図1はその地域を真上から見た平面図である。細い曲線は等高線，太い実線は道を表しており，**ア**～**エ**はMさんが露頭の観察を行ったところである。なお，この地域には地層の逆転はなく，層理面は平面であった。

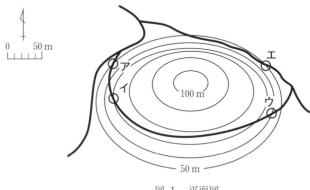

図 1　平面図

<観察結果>

ア 西に面した(東側が切り立った)崖がみられた。崖には，礫岩層と，その上位にある砂岩層との境界がみられ，境界の線は45度で南に傾いて(南に向かって下がって)いた。

イ 西に面した崖がみられた。崖には，厚さ20cmの白い凝灰岩層が**ア**で見た砂岩層の間に挟まれるようにみられ，この凝灰岩層も45度で南に傾いていた。

ウ 東に面した崖がみられた。崖には，**ア**でみられたものと同じ砂岩層がありその上に泥岩層が積み重なり，砂岩層と泥岩層の境界の線は45度で南に傾いていた。また，泥岩層からトリゴニアの化石が見つかった。

エ 東に面した崖がみられた。崖には，**ア**でみられた礫岩層と砂岩層と同じ地層がみられ，その境界の線は45度で南に傾いていた。

問1 ＜観察結果＞から，この地域の地層はどのような順序で堆積したと考えられるか。最も適当なものを，次の①〜⑥のうちから一つ選べ。

① 礫岩層→砂岩層→泥岩層
② 礫岩層→泥岩層→砂岩層
③ 砂岩層→礫岩層→泥岩層
④ 砂岩層→泥岩層→礫岩層
⑤ 泥岩層→礫岩層→砂岩層
⑥ 泥岩層→砂岩層→礫岩層

問2 この地域には地層の逆転がなかったと書かれているが，地層の上下判定と直接関係ないものを，次の①〜④のうちから一つ選べ。

① 級化層理　　　　　　② 斜交葉理（クロスラミナ）
③ 漣痕（リプルマーク）　④ 続成作用

問3 泥岩層からトリゴニアの化石が見つかったことから，この地層群の地質時代が中生代であるとわかった。この地層群から見つかる可能性がある化石として最も適当なものを，次の①〜④のうちから一つ選べ。

① 三葉虫　　　　② ビカリア
③ カヘイ石　　　④ アンモナイト

B 岐阜県各務原市付近を流れる木曽川の河岸には，図2のような大きなチャートの露頭がある。この露頭ではチャート層が黒色の部分から赤色の部分に変わる境界が観察できる。左側の黒色チャートは酸化鉄を含まず，黒い硫化鉄を含む一方，右側の赤色チャートは赤い酸化鉄を含む。これらのチャートは，古生代と中生代の境界直後の三畳紀に形成され，黒色チャートよりも赤色チャートの方が新しいことがわかっている。

黒色チャート —— —— 赤色チャート

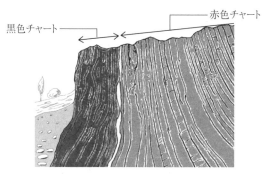

図 2　河岸にみられる黒色チャートと赤色チャートの境界部分

問4 チャートができる過程について述べた文として最も適当なものを，次の①～④のうちから一つ選べ。
① 海洋に生息する有孔虫の遺骸などが深海底に降り積もってできる。
② 海洋に生息する放散虫の遺骸などが深海底に降り積もってできる。
③ 大陸棚に硫酸カルシウムなどが沈殿してできる。
④ 大陸棚に炭酸カルシウムなどが沈殿してできる。

問5 図2の黒色チャートと赤色チャートが堆積したときのそれぞれの環境として最も適当なものを，次の①～④のうちから一つ選べ。
① 黒色チャートは日射が豊富な海，赤色チャートは日射が乏しい海で堆積した。
② 黒色チャートは日射が乏しい海，赤色チャートは日射が豊富な海で堆積した。
③ 黒色チャートは酸素が豊富な海，赤色チャートは酸素が乏しい海で堆積した。
④ 黒色チャートは酸素が乏しい海，赤色チャートは酸素が豊富な海で堆積した。

61 Kさんと O さんが雲のでき方について話している。

Kさん：雲はどのようにしてできるのか知ってる？

Oさん：学校で学習したよ。地表付近の空気が(a)何かの原因で上昇すると，その空気の塊は膨張するのにエネルギーを消費し，空気の塊の温度が下がる。どんどん上昇するとさらに(b)空気の温度が下がり，ある温度になると水滴ができ始める。これが雲だ。

Kさん：えーっと，説明だけ聞いてもよくわからないなぁ。

Oさん：これと同じような状態を作ることができれば，雲を実験で作ることもできるんだ。せっかくだから，やってみよう。

手順

I　透明な凹凸のないペットボトルと線香を用意する。

II　ペットボトルにぬるま湯を深さ 1 cm ほど入れる。

III　火のついた線香の先端をペットボトルの中に入れ，ペットボトルの中を煙で満たし，しっかりと蓋をする。

IV　両手でペットボトルの側面を勢いよくつぶす。

V　手を急に放す。

VI　ペットボトルの中に変化が見られなければ，IVとVを繰り返す。

Kさん：ほんとうだ。手順 ア のときに，ペットボトルの中が白くなるね。これが雲なんだね。

Oさん：そうなんだ。このことからも，雲ができる手順 ア のときは，手順 イ のときに比べて，ペットボトルの内部の温度が ウ ，湿度が エ ことがわかるよね。

問1 上の文章中の下線部(a)に関連して，この原因として**適当でないもの**を，次の①〜④のうちから一つ選べ。

① 地面が太陽光によってあたためられて，地表付近の空気が上昇する。

② 山の斜面に沿って空気が上昇する。

③ 前線面に沿って空気が上昇する。

④ 高気圧の中心で空気が上昇する。

問2　前ページの文章中の下線部(b)に関連して，温度が下がるとなぜ水滴が現れるのか。また，このとき放出される熱は何か。組合せとして最も適当なものを，下の①～④のうちから一つ選べ。

水滴について

   a　温度が下がると空気中の水蒸気が飽和するから。

   b　温度が下がると空気中の水蒸気が衝突しやすくなるから。

熱について

   c　凝結（凝縮）に伴う潜熱

   d　融解に伴う潜熱

  ① aとc　　　② aとd　　　③ bとc　　　④ bとd

問3　手順Ⅲでペットボトルの中に線香の煙を入れる理由として最も適当なものを，次の①～④のうちから一つ選べ。

  ① 煙が雲のように見えるようにするため。

  ② 煙の細かい粒子が核となり水滴ができやすいようにするため。

  ③ 煙を入れることで温度が下がりやすくなるため。

  ④ 煙を入れることで飽和状態を作るため。

問4　前ページの文章中の　ア　～　エ　に入れる数字，または，語句の組合せとして最も適当なものを，次の①～④のうちから一つ選べ。

	ア	イ	ウ	エ
①	Ⅳ	Ⅴ	低 く	高 い
②	Ⅳ	Ⅴ	高 く	低 い
③	Ⅴ	Ⅳ	低 く	高 い
④	Ⅴ	Ⅳ	高 く	低 い

索引

書籍のアンケートにご協力ください

抽選で**図書カード**を
プレゼント！

Z会の「**個人情報の取り扱いについて**」はZ会
Webサイト（https://www.zkai.co.jp/home/policy/）
に掲載しておりますのでご覧ください。

ハイスコア！共通テスト攻略　地学基礎　改訂版

2020年4月10日　初版第1刷発行
2021年7月10日　新装版第1刷発行
2024年3月10日　改訂版第1刷発行

編者　　　Z会編集部
発行人　　藤井孝昭
発行　　　Z会
　　　　　〒411-0033 静岡県三島市文教町1-9-11
　　　　　【販売部門：書籍の乱丁・落丁・返品・交換・注文】
　　　　　TEL 055-976-9095
　　　　　【書籍の内容に関するお問い合わせ】
　　　　　https://www.zkai.co.jp/books/contact/
　　　　　【ホームページ】
　　　　　https://www.zkai.co.jp/books/
装丁　　　犬飼奈央
印刷所　　シナノ書籍印刷株式会社

火成岩の分類

岩石の分類	超苦鉄質 岩	苦鉄質岩	中間質岩	ケイ長質岩
SiO₂ の割合 〔質量%〕	約45	約52	約66	
火山岩 (斑状組織)		玄武岩	安山岩	デイサイト・流紋岩
深成岩 (等粒状組織)	かんらん岩	斑れい岩	閃緑岩	花こう岩
色 指 数 〔体積%〕	約60	約35	約10	

主な造岩鉱物の量 (体積比)

無色鉱物 {

石英

Ca に富む斜長石

カリ長石

有色鉱物

Na に富む斜長石

かんらん石　輝石　角閃石

黒雲母

その他 →

密度 〔g/cm³〕	**大** (3.3) ←	→ **小** (2.7)

SiO₂ 以外の主な酸化物の量 〔質量%〕

15

Al_2O_3

10

CaO　　$FeO+Fe_2O_3$

Na_2O　　K_2O

5

MgO

0

ハイスコア！
共通テスト攻略
地学基礎
改訂版
別冊解答

1章 地球のすがた ....

問題は 26 〜 33 ページ

1 ＜地球の形＞

【正解】 ④

　地球は自転によって生じる遠心力のため，**赤道半径が極半径より長い回転楕円体**をしている。地球の形に最も近い回転楕円体を**地球楕円体**という。

　子午線に沿った周囲は，長半径が赤道半径，短半径が極半径の楕円である。一方，赤道に沿った周囲は赤道半径の円なので，その円周は子午線に沿った楕円の周囲より長い（下図は誇張してある）。

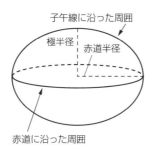

2 ＜地球の内部構造＞

【正解】 ⑤

a　日本列島は厚さ 30〜60 km の大陸地殻でできているので，地下 10 km は地殻である。**かんらん岩はマントルを構成する岩石**で，地殻にはほとんど存在しない。

b　リソスフェア（プレート）の厚さは 100 km くらいで，地殻とマントル最上部を含み，その下にある**アセノスフェア**は厚さが 100〜200 km くらいで，**マントルの一部**である。

c　**外核**はおもに**鉄**（金属）でできている。

3 ＜地球の空間スケール＞

正解 ③

① 地球型惑星（水星・金星・地球・火星）の中では地球が最も大きく，半径は 6400 km あるが，火星の半径は 3400 km しかない。大きさが地球に最も近い惑星は金星（半径 6000 km）である。

② 核の半径は 3500 km，地球の半径は 6400 km なので，地球全体の体積に占める核の体積の比は

$$\frac{(4/3)\times\pi\times(3500)^3}{(4/3)\times\pi\times(6400)^3}\fallingdotseq 0.16$$

である。つまり，地球全体の体積の 16 % を核が占め，残りの 84 % をマントルが占める（地殻は非常に薄いので考えなくてよい）。

③ **海洋の深さの平均**は 3800 m で，**陸地の高さの平均 840 m** より大きい。

④ 地表で温められた空気が上昇して対流している大気の領域を対流圏という。対流圏の厚さは 10 km 程度なので，地球の半径の約 600 分の 1 である。

4 ＜外核と内核の大きさ＞

正解 ③

マントルと外核の境界面や**外核と内核の境界面**は，地表からの深さで表すことが多い。地表からの深さは，前者で 2900 km，後者で 5100 km である。これらの値は，**地球の半径（6400 km）**とともに覚えておきたい。

5 ＜地球の内部構造＞

問1 **正解** ③

a **プレートはリソスフェアともよばれ**，地殻とマントル最上部からなる低温で硬い岩石部分である。

b 海洋プレートには，中央海嶺（海嶺）の他，**ホットスポット**のような火山が存在する。なお，中央海嶺は海嶺（海洋底にある山脈状の地形）のうち，海洋底の拡大をもたらすような大規模なもののことだが，高校地学では中央海嶺と海嶺は同じものと考えてさしつかえない。

c，d アセノスフェアはリソスフェアの下にある高温でやわらかい部分で，その厚みは 100〜200 km である。一方，マントルの厚みは 2900 km なので，アセノスフェアはリソスフェアより下のマントル全体ではない。

問2　**正解**　②

　[核の平均密度]＝[核の質量]/[核の体積]なので，核の体積，核の質量をそれぞれ求める。

$$[核の体積] = (1.1\times10^{27} - 9.2\times10^{26})\,\mathrm{cm}^3$$
$$= 1.8\times10^{26}\,\mathrm{cm}^3$$
$$[核の質量] = \{6.0\times10^{27} - (9.2\times10^{26}\times4.5)\}\,\mathrm{g}$$
$$= 1.86\times10^{27}\,\mathrm{g}$$

以上より，核の平均密度は

$$\frac{1.86\times10^{27}\,\mathrm{g}}{1.8\times10^{26}\,\mathrm{cm}^3} \fallingdotseq 10\,\mathrm{g/cm}^3$$

6 ＜プレート運動とプレート境界＞

問1　**正解**　④

　プレート境界が沈み込む境界の場合，P，Qのどちらが沈み込んでも，Y−Z間は次第に近づくので，①と②は正しくない。また，③は，プレートQが相対的に南に動くとY−Z間は次第に小さくなるので，正しくない。なお，図2で「過去のある時」のY−Z間が「現在」のX−Z間とほぼ等しいことから，「過去のある時」にZはYの真東にあったと考えられる。

問2　**正解**　④

① すれ違う境界(**トランスフォーム断層**)は，海底に多く存在するが，大陸にも存在する。北アメリカ西部の**サンアンドレアス断層**はその代表例である。

② 地震はすべてのプレート境界で起こる。したがって，帯状に分布する地震多発地帯はプレート境界の可能性が高い。すれ違う境界はトランスフォーム断層を形成し，断層に沿って多くの地震が発生する。

③ この境界は海嶺で，上昇したマグマが冷えてプレートが誕生する場である。ここではプレートが非常に薄く，海嶺から離れるに従って次第に厚くなっていく。

④ 海嶺付近はプレートが非常に薄く，その中で地震が起こるため，震源の浅い地震しか起こらない。

7 <プレートと海山>

問1 正解 ④

　マントル中にほぼ固定されたマグマの供給源を**ホットスポット**という。現在の火山島であるaの下にはホットスポットがあると考えられる。その深さははっきりしないが，かなり深いところにあり，上部のプレートが動いても，マグマの供給源であるホットスポットは動かないと考えられている。このため，プレートが動いて火山島がホットスポットからずれると，その火山島の火山活動は終わり，次の火山島がホットスポットの上に形成される。

　なお，モホロビチッチ不連続面は，地殻とマントルの境界面である。溶岩ドーム(溶岩円頂丘)は，粘性の大きなマグマによってできるドーム状に盛り上がった地形である。カルデラは，激しい噴火活動でできた陥没地形である。

問2 正解 ②

　4000万年前より前のプレートの運動は北向き(b → cの向き)であり，1000万年(＝10^7年)の間に1000 km動いている。1 km＝10^3 m，1 m＝10^2 cmであることより，プレートの速さは

$$\frac{1000 \times 10^3 \times 10^2 \text{ cm}}{10^7 \text{ 年}} = 10 \text{ cm/年}$$

　4000万年前から現在まで(＝4×10^7年間)のプレートの運動は北西向き(a → bの向き)で，この間に2000 km動いているので，その速さは

$$\frac{2000 \times 10^3 \times 10^2 \text{ cm}}{4 \times 10^7 \text{ 年}} = 5 \text{ cm/年}$$

問3 正解 ③

　海嶺で生じたプレートは，その下のアセノスフェアを冷やしながら，海嶺から離れる向きに移動する。冷やされたアセノスフェアはプレート(リソスフェア)となるので，プレートは次第に厚くなる。このため，プレートは自身の重みで次第に沈んでいくので，**海嶺から遠いほど，海は深くなっていく**。したがって，その上にある海山も沈んでいく。火山島であれば，海の上の部分は侵食されて次第に低くなるが，海山のように海面下にあるものでは侵食はほとんど起こらない。

8 <トランスフォーム断層>

正解 ①

　点 N は，プレートの動きによって，図で右向きに動いていく。また，点 M は，図で左向きに動く。したがって，初め，点 N，M は，次第に近づいていき，図で上下に並ぶときに，最も近づく。その後も，各点は，それまでの運動と同じ向きに動いていくため，点 N，M は，次第に離れていく。

9 <プレート運動>

問1　**正解**　③

　プレートの移動速度は 1 年に数 cm 〜10 cm である。図 2 を見ると，4000 万年で 4000 km 動いているので，移動の速さは

$$\frac{4000 \times 10^5 \text{ cm}}{4000 \times 10^4 \text{ 年}} \fallingdotseq 10 \text{ cm/年}$$

となる。

　ハワイ諸島は，ホットスポット上の火山活動によってできた火山列である。現在はハワイ島の下にホットスポットがあり，ハワイ島の北西に並ぶ島では火山活動は止まっている。なお，アンデス山脈は火山列ではなく，造山運動によってできた山脈である。

問2　**正解**　②

　活動中の火山から離れるほど古い火山である。図 1 では，比較的新しい火山は活動中の火山より西側に位置し，地点 X の火山島より古い火山は地点 X の火山より北西側に位置している。したがって，プレートは，初め北西向きに移動していたが，途中で西向きに移動するようになったと考えられる。

問題は 54 〜 65 ページ

10 ＜緊急地震速報＞

問1 正解 ⑥

地震波が発生する場所は**震源**である。**震央**は震源の真上の地表の点である。地震の規模は**マグニチュード**，揺れの程度は**震度**で表す。

問2 正解 ②

地震波には，縦波の P 波と，横波で歪みが伝わる S 波がある。**P 波は初期微動を生じさせる波**で，**S 波より速く伝わる**。

11 ＜地震＞

正解 ④

① 断層運動が生じると，地震が起こる。

② これは，火山性微動や火山性地震とよばれ，断層運動による地震と区別されるが，広い意味では地震である。

③ 環太平洋のプレートの沈み込み帯は最も地震が多い地帯で，大地震も多い。

④ **中央海嶺**はプレートが拡大する境界であり**震源の浅い地震が多発している**。

12 ＜地震波の伝播＞

問1 正解 ③

観測点に P 波，S 波が到着するまでの時間をそれぞれ t_P〔s〕, t_S〔s〕とすると

$$t_P = \frac{L}{5.0}, \qquad t_S = \frac{L}{3.0}$$

ここで，t_P, t_S, t の間には $t = t_S - t_P$ の関係があることと上式より

$$t = \frac{L}{3.0} - \frac{L}{5.0} = \frac{2L}{15} \qquad \therefore \quad L = 7.5\,t$$

問2 正解 ②

右図は横から見た断面図であり，直角三角形は，辺の長さの比が 3：4：5 である。よって，求める深さは 30 km である。

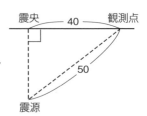

13 ＜地震と断層＞

問1 正解 ④

図で，断層の西側の地面を基準として，東側の地面の水平方向の動きを考えると，もとの道路が西側に移動していることがわかる。したがって，地点Bも西側に移動して，地点Aとの距離は短くなった。これは下図のように，断層の上側がずり上がったためであり，このような断層は**逆断層**である。

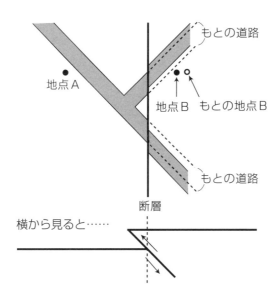

問2 正解 ②

① 地下数百kmの深部で発生する地震は海洋プレート内地震である。一方，地表に現れたこの断層は大陸プレート内地震によって生じたと考えられるため，深発地震と直接の関係はない。

② **過去数十万年間に繰り返し活動した証拠がある断層**で，今後も活動する可能性が高いと考えられるものを**活断層**という。数万年間に3回動いたことは，活断層であることを裏付けている。

③ 地震でできる活断層と火山活動には，直接の関係はない。

④ 近くに活断層があるからといって，この断層が活断層とは判断できない。

14 ＜震源の決定＞

　直角三角形の斜辺が外接円の直径に一致するので，この円の中心は斜辺の中点であり，これをOとすると，問題の図より

　　　OA＝OB＝OC＝30 km ÷ 2＝15 km

　直角三角形 ABC は同一水平面内にあるので，Oを通る鉛直線上の任意の点からA，B，Cまでの距離は等しい。なお，Oは震央に相当し，震源はこの鉛直線上（Oの真下）にある。

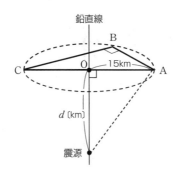

　上図より，震源の深さを d〔km〕とすると，震源からA（，B，C）までの距離は$\sqrt{d^2+15^2}$〔km〕と表される。また，**大森公式**よりA，B，C各地点の震源距離は $k \times 4$ 秒＝ 6.25 km/秒 ×4 秒 ＝25 km であるので

　　　$\sqrt{d^2+15^2}$〔km〕＝25 km

　∴　d〔km〕＝20 km

15 ＜火山＞

問1 |正解| ②

　ハワイ諸島は，ホットスポットによる火山形成とプレートの移動によってできた島々である。

問2 |正解| ④

① これはカルデラのでき方を示したものである。
② このようにしてできる火山は盾状火山である。
③ これは昭和新山のような溶岩ドーム（溶岩円頂丘）である。
④ 成層火山は，溶岩と火山砕屑物が積み重なってできる。

16 ＜火山活動＞

問1 |正解| ④

　かんらん石を含むのは，玄武岩質マグマが冷えてできる岩石である。一方，石英やカリ長石を含むのは，流紋岩質マグマが冷えてできる岩石である。

問2 |正解| ③

　火山は下部から少しずつマグマが上昇してくるため，時間とともに山体が隆起（膨張）する。そして，噴火が起こると，マグマを噴出するため，急激に沈降（収縮）する。

問3 |正解| ④

① 火砕丘（噴石丘）は，短期間の噴火によって，粒径の大きな火山砕屑物が火口のまわりに円錐状に積み重なってできた小規模の火山である。火山砕屑物の噴出が多いので，火砕丘をつくる溶岩は，玄武岩質の溶岩よりも粘性が大きいことが多い。
② 溶岩円頂丘（溶岩ドーム）は，粘性の大きなデイサイト質，あるいは流紋岩質の溶岩が盛り上がってできることが多い。
③ 成層火山は，溶岩と火山灰などが積み重なってできた，比較的急勾配の火山で，安山岩質マグマの火山に多い。
④ 盾状火山は，傾斜が緩やかな火山である。粘性の小さい玄武岩質の溶岩からなる火山は，このように，傾斜の緩やかな形になることが多い。

17 ＜火山噴火＞
問1 | **正解** | ③

粘性が大きい流紋岩質のマグマは，溶岩が流れにくいために盛り上がり，溶岩ドーム（溶岩円頂丘）を形成することが多い。

問2 | **正解** | ④

① MgO 成分が多いマグマは粘性が小さく，溶岩を噴水のように噴き出すような，比較的穏やかな噴火をするものが多い。

② マグマに含まれるガス成分が多いほど，爆発的な噴火が起こりやすい。

③ 温度が高いマグマは粘性が小さく，爆発的な噴火は少ない。

④ 軽石や火山灰は爆発的な噴火にともなうものである。

18 ＜火山岩＞
問1 | **正解** | ①

火山岩の急冷部分は，結晶になることなく固まったガラスや小さい結晶からなる**石基**である。斑晶と石基で構成される組織を**斑状組織**という。

問2 | **正解** | ④

玄武岩質マグマが急冷してできる岩石が**玄武岩**で，かんらん石を含むのが特徴である。SiO_2 の量は少なく 50 質量 % 程度である。

19 ＜深成岩＞
問1 | **正解** | ④

A は，石英，カリ長石，黒雲母が含まれるので花こう岩，B は，角閃石と輝石が含まれ，かんらん石が含まれていないので閃緑岩，C は，輝石とかんらん石が含まれているので斑れい岩である。**かんらん石**や**カリ長石**，**黒雲母**が含まれているかどうかを指標にすると判断しやすい。

問2 | **正解** | ③

色指数は火成岩中の**有色鉱物の体積比**（体積 %）である。B には角閃石 25 %，輝石 8 % が含まれているので，色指数は 25＋8 より 33 になる。

問3　正解　⓪

⓪　花こう岩のようなケイ長質岩中の斜長石は **Na に富み**，**斑れい岩**のような
　苦鉄質岩中の斜長石は **Ca に富む**。

②　FeO や MgO は**有色鉱物**に含まれる。花こう岩の有色鉱物は，閃緑岩よ
　り少ないので，FeO や MgO も閃緑岩より少ない。

③　**海洋地殻**は**玄武岩質**の岩石からできている。**花こう岩**が多く分布するのは
　大陸地殻である。

④　化学組成が安山岩とほぼ一致する深成岩は閃緑岩である。

問4　正解　③

　③は**等粒状組織**の説明であり，深成岩の特徴を表している。⓪のガラス質は，
マグマが急冷したときにできるもので，火山岩の石基に含まれる。

20　＜火成岩の分類＞

問1　正解　⓪

　a はケイ長質岩の火山岩なので**流紋岩**，b はケイ長質岩の深成岩なので**花こ
う岩**，c は苦鉄質岩の深成岩なので**斑れい岩**である。問題の図中の 7 種類の火
成岩とデイサイト（流紋岩と安山岩の中間的な岩石）は，必ず覚えておかなけれ
ばならない。

問2　正解　③

　d は主にケイ長質岩に含まれる鉱物なので**カリ長石**，e は苦鉄質岩を中心に
中間質岩にも含まれる鉱物なので**輝石**である。なお，磁鉄鉱は，様々な岩石に
含まれている鉄の酸化鉱物だが，主要造岩鉱物に比べると，その量は少ない。

問3　正解　②

　図中の構成鉱物のうち，有色鉱物は，かんらん石，輝石（e），角閃石，黒雲
母であり，これらの占める体積比が色指数である。このことから，図中で右に
向かうと，色指数（有色鉱物の割合）が大きくなることがわかる。

　一方，マグマの粘性は，SiO_2 の割合が少ないほど小さいので，図中で右側
の岩石ほど，マグマの粘性は小さい。

問題は 82 ～ 91 ページ

21 ＜大気の構造＞

問1 正解 ②

　大気の最下層である X は，水平方向だけでなく，鉛直方向にも大気が動き，対流が盛んな部分で，**対流圏**とよばれる。天気現象が見られるのは対流圏だけである。大気の最上層である Z は**熱圏**とよばれ，高度とともに温度が上昇する。**成層圏**は，オゾンが紫外線を吸収するため，高度とともに温度が上昇する層である。熱圏と成層圏に挟まれた Y は**中間圏**とよばれる。中間圏は，高度とともに温度が低下する層である。

問2 正解 ④

　高度が 16 km 増すごとに気圧が 1/10 になるので，高度 48 km（＝16 km＋16 km＋16 km）では

$$\frac{1}{10} \times \frac{1}{10} \times \frac{1}{10} = \frac{1}{1000} \ 倍$$

問3 正解 ③

　地上から中間圏まで（高度およそ **80 km** まで）は，大気組成はほぼ一定である。それより上空（熱圏）では，X 線や紫外線の影響で大気中の原子や分子が電離するなどしているため，地表付近の大気とは組成が少し異なっている。

22 ＜大気中の水蒸気と断熱変化＞

問1 正解 ②

　相対湿度は，次のように定義される。

$$[相対湿度] [\%] = \frac{[空気の水蒸気圧]}{[飽和水蒸気圧]} \times 100$$

　ここでは，空気の温度は 24.1 ℃ で，その温度での飽和水蒸気圧は，図より 30 hPa である。また，その時点での空気の水蒸気圧は 20 hPa である。よって，求める相対湿度は

$$\frac{20 \ \text{hPa}}{30 \ \text{hPa}} \times 100 \fallingdotseq 67 \ \%$$

問2　正解　⑤

　空気塊が上昇すると，気圧が下がって膨張(断熱膨張)する。この際にエネルギーを使うため，空気塊の温度が下がる。また，ここでは，設問文中に「水蒸気圧と気圧の比は一定」とあるので，気圧の低下とともに，水蒸気圧は下がる(このとき，空気塊に含まれる水蒸気の量は変わらないが，空気塊が膨張するため，水蒸気の密度(水蒸気圧とみなせる)は下がるのである)。問題の図で，温度も水蒸気圧も下がる過程は PE である。

23　＜海水の塩分と深層水＞
問1　正解　③

　塩類の組成比は，どこの海水でもほとんど同じである。しかし塩分は場所によって異なり，蒸発量が降水量より多いところや，海水が凍結するところでは高くなる。赤道付近は蒸発量が多いが，降水量はそれより多いため，塩分が低くなる。また，海水は，塩分以外の(真水の)部分から凍り始めるため，極域で海水が凍ると塩分が増加する。

問2　正解　②

　北大西洋北部(グリーンランド沖)で沈み込んだ海水は，深層水として南大西洋からインド洋や北太平洋まで移動する。⓪は，海水の表層の温度は気温に左右されるため，一般に高緯度ほど低いが，深層の海水温はどこの海でもほぼ同じで 0 ℃ に近い。③は，エルニーニョ現象はペルー沖の海水温が上がる現象で，深層から湧き上がる流れが弱くなるときに起こる。④は，深層水は深さ約 1000 m より深い海水であり，海洋の平均の深さは約 4000 m なので，深層水は海洋全体の(3000÷4000＝)75 % 程度を占めることになる。

24　＜大気の熱収支と大気圏の構造＞
問1　正解　④

　太陽放射の大部分は**可視光線**である。1 年を平均すると，太陽放射は赤道付近で最も多く，高緯度ほど少ない。しかし，地球放射の緯度による違いは太陽放射ほど大きくはなく，低緯度では太陽放射より小さく，高緯度では太陽放射より大きい。これは低緯度から高緯度にエネルギー(熱)が運ばれているためである。

問2　正解　③

① 水蒸気は温室効果ガスで，赤外線を吸収するため，地球のエネルギー収支に関係している。

② 地球放射では，地球が受ける太陽放射エネルギーの約 70 % を赤外線として宇宙へ放射している。残り 30 % は大気や雲，地表で反射・散乱されて宇宙へ戻る分である。

③ 大気中の水蒸気や二酸化炭素は地表から放射される赤外線の大部分を吸収して再び地表に戻している。これが温室効果である。

④ 太陽からの紫外線は熱圏や成層圏でほとんど吸収されている。

問3　正解　④

①，② オゾン層があるのは成層圏で，上空ほど温度が高くなっている。

③ 電離層はほとんどが熱圏で X 線や紫外線によって酸素や窒素の原子や分子が電離することで生じる。

④ 高度約 80 km までは，大気組成はほぼ同じである。

25　<緯度別熱収支>

問1　正解　②

　熱は低緯度から高緯度へ運ばれるので，その方向は，北半球では北向き（正），南半球では南向き（負）である。また，問題の図において，エネルギーが過剰な部分と不足する部分の境界付近（緯度 35° 付近）で，熱輸送（エネルギーの流れ）の絶対値は最大になる（緯度 0°〜35° のある領域に注目して，低緯度側から受け取った熱に，その領域で余った熱を加えて，高緯度側に受け渡していると考えると理解しやすい）。なお，熱輸送量の変化が連続的であることと，熱輸送の向きについて考えれば，熱輸送量が最大になる緯度について知らなくても，②が正答であることがわかる。

問2　正解　③

① 熱輸送の担い手として最も重要なものは大気である。

② 津波とは，地震などによって生じる海水の振動のエネルギーの伝播なので，熱輸送には無関係である。

③ 海水は，移動速度は小さいが，熱容量が大きいため，その熱輸送量は大きく，重要な役割を果している。

④ 地殻中の熱伝導は効率が悪いため，この影響は無視できる。

問3　正解　④

　熱輸送がなくなると，各緯度で，太陽放射吸収量と地球放射量が等しくなる。太陽放射吸収量は変化しないので，変化するのは地球放射量である。地球放射量の方が少ない低緯度では，地球放射量が太陽放射吸収量に等しくなるまで増加する。温度が高いほど地球放射量も大きいので，低緯度では温度が上がる。逆に，高緯度では温度が下がる。

26　＜エルニーニョ現象＞

正解　③

　エルニーニョ現象はペルー沖の湧昇流が弱まって海水温が上がる現象である。海水温の上昇は大気循環や天気にも影響を与え，蒸発量が増加することから，南米の砂漠に雨が降ることもある。日本では暖冬になるといわれている。ペルー沖の湧昇流は栄養分が多く，プランクトンが繁殖してカタクチイワシの好漁場になっているため，湧昇流が弱まると漁獲量も大きく減少する。

27　＜大気中に存在する水＞

問1　正解　①

　海の蒸発量と降水量を比べると，蒸発量が
$$12 \times 10^{14} - 11 \times 10^{14} = 1 \times 10^{14} \text{ kg/日}$$
だけ多い。したがって，これだけの量が大気を介して陸に運ばれる。

問2　正解　②

　海と陸の1日の降水量は，合わせて
$$11 \times 10^{14} + 3 \times 10^{14} = 14 \times 10^{14} \text{ kg}$$
であり，大気中の水の量（140×10^{14} kg）は，この10倍である。

28　＜海洋の循環＞

問1　正解　③

　グリーンランド沖などの高緯度地域では，**水温の低下や凍結による塩分の上昇によって海水の密度が増加**して**沈み込み**が起こり，これが深層循環を駆動している。なお，蒸発の盛んなところでは，塩分が高くなるが，水温が高いため沈み込まない。また，地熱による深層水の温度の上昇は無視できる。

問2 **正解** ③

　深層循環には**約1000～2000年かかる**ことを知っていればすぐにわかるが，覚えていなくても，与えられた数値を用いて計算すればよい。ここでは，速さが1 mm/sなので，経路の長さを4万km（地球の円周の長さと等しいと考えた）として，長さの単位を〔mm〕に換算すると

$$4万km＝40000×10^3×10^3 mm＝4×10^{10} mm$$

また，1年＝365日として，時間の単位を〔s〕に換算すると

$$1年＝365×24×60×60 s≒3×10^7 s$$

したがって，求める時間は

$$\frac{4×10^{10} mm}{1 mm/s×(3×10^7 s/年)}≒1300年$$

なお，1年≒$3×10^7$ s（3000万秒）であることは，覚えておくと便利である。

29 ＜ジェット気流＞
正解 ②

　ジェット気流は，北半球でも南半球でも**偏西風**であり，風速はときには100 m/sに達する（南半球では亜熱帯高圧帯から南向きにふき出した風がコリオリの力によって進行方向左向きに曲げられて西風となる）。偏西風は南北の温度差が大きいところで，南北に蛇行しながら吹いている。

　なお，**北半球の風と南半球の風**（大気の大循環に関する風）は，**赤道に関して対称に吹く**ことは押さえておこう。

30 ＜温帯低気圧＞
正解 ①

　温帯低気圧は，上層の**偏西風の蛇行による寒気と暖気の衝突にともなって発生**し，偏西風に流されて西から東に移動する。中緯度では，偏西風の蛇行によって，低緯度から高緯度へと熱が運ばれるが，温帯低気圧もこの役割を担っている。温帯低気圧の主なエネルギー源は南北の温度差である（潜熱をエネルギー源とするのは熱帯低気圧である）。

31 ＜台風＞

正解 ③

① 台風は，海面水温が高い(約 27 ℃ 以上の)低緯度地域の海洋上で発生する。

② 台風は，太平洋高気圧の南側で発生し，発生後しばらくは西に進むが，その後，高気圧の縁を通って，次第に進路を北から北東方向に変える。偏西風帯に入ると，偏西風の影響で東に流される。

③ **台風のエネルギー源は水蒸気の潜熱**であり，上陸すると水蒸気の補給が急に少なくなるので，次第に衰える。

④ 台風の中心部には，半径 50〜100 km くらいの**台風の目**があることが多い。台風の目のすぐ外側は風が強いが，台風の目は風が弱い。

32 ＜雲の形態と大気の大循環＞

問1 正解 ②

雲は，よく現れる高さによって，右表のように分類される。雨を降らす雲は，乱層雲と積乱雲である(いずれも「乱」の字がつく)。

アは，垂直に発達する雲で，**イ**，**ウ**は，広い範囲にできる雲なので，**ア**は**積乱雲**，**イ**は**乱層雲**である。また，**ウ**は，図から中層の高さにある雨を降らせない層状の雲なので**高層雲**である。乱層雲は一般的には中層に見られるが，下層から上層にかけての厚い雲であることが多い。

高さによる分類	雲の種類
上層	巻雲 巻積雲 巻層雲
中層	高積雲 高層雲 乱層雲
下層	層積雲 層雲
下層にでき，垂直に発達することもある	積雲 積乱雲

問2 正解 ③

赤道付近は太陽放射が強いので，大気が加熱されて上昇し，圏界面に沿って高緯度側に移動する。その後，徐々に西寄り(西から東へふく方向)に進路を変え，やがて緯度 30° 付近で西風(東向きの風)になって下降する。この下降気流帯が亜熱帯高圧帯である。下降した空気の一部は，下層で赤道付近へ向かう西向きの(東から西へふく)**貿易風**になる(西向きの風は東風であることに注意)。なお，ここで述べた一連の対流を，**ハドレー循環**という。

問題は 106～109 ページ

33 ＜太陽風＞

正解 ④

　太陽から地球までは光の速さで8分ほどかかるため，太陽面でフレアとよばれる爆発が起こると，8分後には地球で爆発に伴う光が観測される。一方で，イオンや電子などの荷電粒子が地球まで到達して磁気の変化をもたらすには，時間がかかる。地球の磁気の変化が爆発から2日後に観測されることから，太陽風の速度は

$$\frac{1.5\times10^8 \text{ km}}{2\times(8.6\times10^4 \text{ s})} \fallingdotseq 900 \text{ km/s}$$

　なお，コロナからは常に太陽風（荷電粒子の流れ）が吹き出しているが，フレアが起こると一度に大量の荷電粒子が放射される（太陽風が強まる）ため，太陽風が地球に到達すると急激に磁気が変化する。

34 ＜天体の元素＞

正解 ②

① 主系列星は**水素の核融合**のエネルギーで輝いている。なお，地学基礎の範囲ではないが，ヘリウムの核融合により炭素や酸素が合成されるのは，主系列星の次の巨星の段階である。

② 太陽は，大気をふくめ，主に水素とヘリウムからできていて，これより重い元素は少量である。

③ 星間物質には，**星間ガス**以外に固体微粒子（**星間塵**）も含まれる。

35 ＜主系列星の寿命＞

正解 ④

　この主系列星が次の段階に移るまでに消費する水素の質量は

$$(2\times10^{30} \text{ kg})\times0.1 = 2\times10^{29} \text{ kg}$$

核融合反応によって消費される水素の質量は1年あたり 2×10^{19} kg なので，主系列星の期間は

$$\frac{2\times10^{29} \text{ kg}}{2\times10^{19} \text{ kg/ 年}} = 10^{10} \text{ 年} = 100 \text{ 億年}$$

　なお，ここで考えた恒星の質量は太陽の質量とほぼ等しく，太陽が主系列星である期間も100億年程度である。太陽が誕生してから既に46億年が経過しているので，太陽が主系列星にあるのは残り50億年程度と見積もられている。

36 ＜星間雲＞

正解 ②

　星間雲は可視光線を放射しないため直接は見えないが，近くにある明るい星の光を受けて光っている場合（**散光星雲**）や，背後の星の光をさえぎった場合（**暗黒星雲**）には，観測することができる。

　図の**A**はオリオン座の馬頭星雲という暗黒星雲であり，**A**の左側も全体的に暗いので暗黒星雲である。**A**の右側の明るい部分は散光星雲で，近くの星の光を受けて光っている。暗黒星雲は背景の星や散光星雲の光をさえぎるように存在しているので，右側に見える散光星雲より太陽系に近い。**A**の左側にいくつか見えている星は，暗黒星雲より太陽系に近い恒星である。

37 ＜地球型惑星と木星型惑星＞

正解 ③

① 　地球型惑星は衛星が少なく，水星と金星には衛星がない。一方，木星型惑星は多くの衛星をもつ。

② 　木星型惑星の表面は気体なので，クレーターはできない。

③ 　地球型惑星は木星型惑星に比べて小さく，質量も小さい。

38 ＜金星＞

正解 ④

　金星の大気の主成分は**二酸化炭素**である。金星には硫酸でできた厚い雲があり，雲や大気による強い**温室効果**のため表面温度が高くなっている。

39 ＜太陽系の天体＞

正解 ②

① 地球型惑星の大部分は岩石からなり，中心部には主に鉄でできた核がある。木星型惑星は主に水素やヘリウムなどのガスからできていて，中心部には主に岩石と氷と鉄でできた核がある。

② **小惑星は火星軌道と木星軌道の間に集中して存在**するが，地球軌道より内側まで入ってくるものもある。

③ 彗星は氷と塵でできている。太陽に近づくと蒸発して頭部ができ，これが太陽風や太陽放射によって太陽と反対方向に吹き飛ばされて尾ができる。

④ 海王星の外側には冥王星を含めた小天体が多数あり，**太陽系外縁天体**とよばれている。

40 ＜地球型惑星＞

問1 正解 ④

地球の地殻は主に**ケイ酸塩鉱物**の岩石からなる。地球型惑星は微惑星の衝突・合体によってできたので，ほかの地球型惑星もほぼ同じ物質からなると考えられる。

問2 正解 ②

イ 地球型惑星の中で大気がほとんどないのは**水星**である。クレーターは火星にもあるが，多くのクレーターが残っているのは，大気や水による侵食を受けない水星である。水星は自転周期が長いため，昼夜の温度差が大きい。

ウ 巨大な火山や峡谷状の地形，極冠や季節変化，約 0.006 気圧という地球よりもかなり薄い大気は，**火星**の特徴である。

エ 二酸化炭素の厚い大気をもつのは**金星**である。金星の表面の様子は，厚い大気と硫酸の雲のため，可視光線では観察できない。

5章 移り変わる地球 ....

問題は 126〜139 ページ

41 ＜堆積岩＞

正解 ①

チャートは SiO_2 に**富む放散虫などの遺骸が堆積**してできる。②は石灰岩，③は岩塩，④は石こうについての説明である。

42 ＜火成岩・変成岩＞

問1 正解 ④

地質断面図から，褶曲した変成岩に B が貫入し，その後，A が貫入したことがわかる。A は 9000万年前（中生代）に，玄武岩は 400万年前（新生代新第三紀）に形成されたものである。玄武岩が噴出するとき，変成岩や A は地表に露出し，侵食されていたので，④は正しい。①は，玄武岩の溶岩が噴出したのは A が貫入した後なので，玄武岩は接触変成作用を受けていない。②は，B は A（中生代）によって切断されている（A より古い）ので，古第三紀（新生代）ではない。③は，B は褶曲していないので，変成岩は B が貫入する前に褶曲した（A は褶曲後の変成岩に貫入した）。

問2 正解 ①

a は等粒状組織で石英や黒雲母，カリ長石を含むので花こう岩，b は等粒状組織でかんらん石を含むので斑れい岩，c は斑状組織で斑晶としてかんらん石を含むので玄武岩である。d は斑状組織で，石基の部分にマグマが流れたときにできる構造が見られ，斑晶として石英を含むので流紋岩である。

問3 正解 ①

片麻岩は，結晶が比較的大きく（**粗粒**），無色鉱物と有色鉱物による**縞模様**が見られるのが特徴である。②はホルンフェルス，③は片岩，④はかんらん岩や斑れい岩の特徴である。

43 ＜堆積物の侵食・運搬・堆積＞

問1 正解 ③

A より，粒径 1/8 mm の砂が最小の流速（約 40 cm/s）で動き出す。次は 1/32 mm の泥が流速 64 cm/s で動き出し，最後に 4 mm の礫が流速 128 cm/s で動き出す。

問2　正解　⑥

Aより上（Ⅰ）は，静止している粒子が動き出す（**侵食・運搬**）領域である。また，Bより下（Ⅲ）は，動いている粒子が停止（**堆積**）する領域である。Ⅱは，動いている粒子は動き続けるが，静止している粒子は静止したままの領域である。

44　＜続成作用＞
正解　⑤

圧力によって粒子間隔が狭くなり，SiO_2 や $CaCO_3$ などの鉱物がセメントのように粒子をつないで堆積物が固まるのが，**続成作用**である。a は堆積構造の級化層理，c は物理的風化についての説明である。

45　＜海面変動と地形＞
問1　正解　②

海面が上昇したり土地が沈降したりしてできる地形に**リアス海岸**がある。①の**扇状地**は川が山から平野に出るところにできる堆積地形，③の**大陸棚**は氷期には陸になるような浅い海底，④の**三角州**は河口付近にできる堆積地形である。

問2　正解　③

図2より，10万〜6万年前は海面が下がっているので，6万年前には −60 m の位置まで侵食された（C が形成）。次に，6万〜4万年前は海面が上がっているので，4万年前には −20 m の位置まで堆積物による埋め立てが進み（X が堆積），X の上面が B になった。4万〜2万年前は海面が下がっているので，2万年前には −80 m の位置まで侵食された（D が形成）。

問3　正解　③

火山灰は X の上面にあるので，X が堆積し終わった4万年前より後に堆積した。また，C の上を見ると Y は火山灰層の上に堆積しているので，火山灰が堆積したのは Y が堆積し終えるよりも前である。さらに，火山灰層の上にある Y の厚さは約 20 m なので，海面が −20 m まで上がるより前，つまり，図2より1万年以上前に火山灰が堆積したと考えられる。

なお，Y 中に火山灰層が見られないのは，流水の動きで侵食されたか，海面付近の波に洗われたため，明瞭な火山灰層ができなかったと考えられる。

46 ＜地層の堆積＞

問1 　**正解** 　　ア　①，　イ　④

　プレートは，マントル物質が上昇する**海嶺で誕生し，海嶺から遠ざかる**向きに移動して，**海溝に沈み込んで消滅する**。

問2 　**正解** 　③

　チャートになる深海堆積物を問われているので，珪質粒子を含む（SiO_2 が主成分の）③が正解である。①は石灰質（$CaCO_3$ が主成分）なので**石灰岩**になる。②は陸に近い場所での堆積物である。④は火山灰なので，堆積すると**凝灰岩**になる。

問3 　**正解** 　③

　タービダイトは混濁流によって生じる堆積物（堆積岩）である。粒子が水中で堆積するときは，粒径の大きいものから順に堆積するので，**級化層理**が見られることが多い。①の枕状構造は，玄武岩質のマグマが水中に流れ出たときにできる構造である。②の基底礫岩は，不整合面のすぐ上に見られる礫岩である。④の片理は，片岩に見られる一定方向に配列した岩石の組織である。

問4 　**正解** 　④

　フズリナが絶滅したのは古生代末，アンモナイトが絶滅したのは中生代末なので，a 〜 c は中生代，d は新生代である。

問5 　**正解** 　②

　A が陸（日本列島）に近づき，陸源の泥岩やタービダイトが堆積する頃（c の時代），B ではチャートが堆積していた。すなわち，その頃まだ，B は陸から遠かったことになる。したがって，A の方が陸に近い。

47 ＜ボーリング調査＞

問1 　**正解** 　④

　図から，80万〜40万年前は堆積物がないので，堆積が中断したか侵食されたかである。①は，有孔虫が主に海にすむ生物であることから，海で堆積したと考えられる。②は，40万年間で 80 m 堆積した砂岩・泥岩互層の方が，80 万年間で 80 m 堆積した泥岩層よりも堆積が速い。

問2 正解 ②

① 時代を特定するには**示準化石**を用いる。

② 陸上でも海底下でも，示準化石や火山灰によって対比は可能である。

③ 石英はどの砂岩にも多く含まれるので，対比には適さない。

④ 不整合は氷期に限らず形成される。

48 ＜過去に海洋が存在した証拠＞
正解 ③

① 海水中の鉄イオンが酸素と結びついて生じた酸化鉄が海底に堆積してできたのが**縞状鉄鉱層**である。

② 水中に玄武岩質マグマが流出してできたのが**枕状溶岩**である。

③ **クックソニア**は化石として知られる最古の陸上植物である。したがって，これは海洋が存在した証拠にはならない。

④ 先カンブリア時代の海洋に生息していた，光合成をするシアノバクテリアによって形成されたドーム状の岩石が，**ストロマトライト**である。

49 ＜示準化石＞
正解 ⑥

アは，新生代の**ビカリア**，イは古生代の**三葉虫**，ウはおもに中生代の**アンモナイト**，エは新生代の**デスモスチルス**の歯である。選択肢には**ウ**，アの組合せがないため，**ウ**，エの⑥が正解になる。

50 ＜地球史（古生代〜中生代）＞
問1 正解 ②

① **エディアカラ生物群**は，先カンブリア時代末期の生物群である。

② 5.4億年前に始まった**カンブリア紀**以後の地層からは，多くの化石が発見されている。これは，**生物の種類や数の急増**，**かたい殻や骨格をもつ（化石になりやすい）生物の出現**が原因である。

③ カンブリア紀以後も，海の光合成生物は増え続けているので，海水中の酸素量は増えた可能性が高い。

④ カンブリア紀には，陸上植物も陸上動物もいなかった。陸上に脊椎動物（両生類）が出現したのは，古生代デボン紀である。

問2 正解 ④

古生代中期に**シダ植物**が現れ，その後，**裸子植物**が現れた。さらにその後，中生代に**被子植物**が現れた。

問3 正解 ③

古生代中〜後期に大森林をつくった大型シダ植物の光合成により，大気中の二酸化炭素が減少した。この結果，温室効果が弱まったため，地球は寒冷化し，高緯度地域では**氷河が発達**した。また，この頃，パンゲアに入り込むテチス海という浅い海があり，そこで，**フズリナ**やサンゴが栄えた。

問4 正解 ②

① **トリゴニア**は外形が三角形に近い二枚貝で，**中生代**に生息した。
② **三葉虫**は**古生代末に絶滅**した。
③ **カブトガニ**は，古生代から姿をほとんど変えることなく**現在も生息**している。
④ **デスモスチルス**は，カバに似た姿の，水辺にすむ**新生代**の哺乳類である。

問5 正解 ①

① **哺乳類**は，**中生代初期には出現**していた。
② 中生代末の生物の大量絶滅の原因は，**巨大隕石の衝突**による環境の急変と考えられている。
③ 中生代末には，**恐竜やアンモナイトが絶滅**した。
④ 超大陸(パンゲア)の分裂は中生代に入る頃に始まり，中生代末には，大西洋やインド洋ができて，現在の大陸分布に近い状態になっていた。

51 <地球と生命の歴史>

正解 ⑥

a **バージェス動物群**は，**古生代初期**に生息した動物群である。
b **新生代は哺乳類の時代**で，**被子植物**が繁栄した。
c 石炭の多くは，約**3億年前**の**古生代石炭紀のシダ植物**がもとになって形成された。

52 ＜先カンブリア時代＞

問1 正解 ア ②， イ ⑥

　生物の外形をもつ最古の化石は，約 **35 億年前**の原核生物の化石である。また，**カンブリア紀**が始まったのは，**5.4 億年前**である。

問2 正解 ③

　地球の原始大気の主な組成は，水蒸気と二酸化炭素であり，原始地球の表面温度が下がると，大気中の水蒸気が凝結して海をつくった。二酸化炭素は水に溶けやすいため海に溶け，海水中のカルシウムイオンと反応して，炭酸カルシウム（石灰岩）となって固定された。

問3 正解 ④

① 　**ストロマトライト**は，シアノバクテリアがつくったものである。また，サンゴが出現したのは古生代である。

② 　先カンブリア時代に海水がしだいに減少したという事実はない。

③ 　呼吸は酸素濃度を減少させる要素である。また，石油が形成されたのは，古生代以降（主に中生代）と考えられている。

④ 　先カンブリア時代には，光合成植物によって海洋中の酸素濃度が増加し，酸素と海水中の鉄イオンが結びついて**縞状鉄鉱層**が形成された。

問4 正解 ③

① 　石灰岩の主成分は炭酸カルシウムである。放散虫などの二酸化ケイ素を主成分とする生物の遺骸によって形成されるのは，**チャート**である。

② 　サンゴやフズリナ，三葉虫の骨格の成分は，炭酸カルシウムであり，これらの遺骸は，**石灰岩をつくる**。

③ 　石油や石炭は，生物起源の有機物から形成されたと考えられている。

④ 　砂岩の石英粒子の多くは，花こう岩などの火成岩の風化によってできたものであり，生物起源のものではない。

問5 正解 ③

　中生代は，火山活動などが盛んで，大気中の二酸化炭素濃度が高く，その温室効果のため，**温暖な時代**であった。

問題は 152 ～ 161 ページ

53 ＜地球温暖化＞

問1 　正解　　①

　大気中の水蒸気や二酸化炭素などは赤外線を吸収しやすいため，地表からの赤外放射は大気によって吸収され，これにより，地球（大気）が暖められる。また，大気からの赤外放射は再び地表に吸収され，地表も暖められる。これが温室効果である。温室効果が顕著な気体である**水蒸気**や二酸化炭素，**メタン**は**温室効果ガス**とよばれる。

問2 　正解　　④

a　地球が受け取る太陽放射はほぼ一定なので，宇宙空間への地球放射が増え続けると地球は寒冷化するはずである。

b　地球大気中の二酸化炭素濃度は，季節ごとには増減を繰り返しているが，平均的には増加し続けている。

問3 　正解　　①

　問題の図1に示されている，100年間の気温上昇の傾向を示す直線の傾きは

$$\frac{0.1\,{}^\circ\text{C} - (-1.0\,{}^\circ\text{C})}{2010\,\text{年} - 1910\,\text{年}} = \frac{1.1}{100}\,{}^\circ\text{C/年}$$

である。この値は，1910年から2010年までの気温上昇率を示す。したがって，2010年以降の気温上昇率が，先に求めた値の2倍ならば，上昇率は

$$\frac{1.1}{100}\,{}^\circ\text{C/年} \times 2 = \frac{1.1}{50}\,{}^\circ\text{C/年}$$

である。よって，2060年の気温は，2010年と比べて

$$\frac{1.1}{50}\,{}^\circ\text{C/年} \times (2060\,\text{年} - 2010\,\text{年}) = 1.1\,{}^\circ\text{C}$$

だけ上がることになる。

54 ＜降雨の酸性化と大気汚染＞

正解 ⑧

　原始大気は，二酸化炭素を中心とした大気であり，酸素はほとんど存在しなかった。**二酸化炭素**は水に比較的溶けやすい性質があるため，原始海洋が誕生すると，原始大気中に存在した二酸化炭素のほとんどは海洋の中に溶け込んだ。

　現在，大気中には二酸化炭素が 0.04 ％ 程度含まれており，大気中を浮遊する水滴には大気中の二酸化炭素が溶けているため，自然の雨はもともと弱い酸性である。しかし，工業などが盛んな地域では，石炭や石油を燃やしたときに出てくる**硫黄酸化物や窒素酸化物**が雨の中に多く溶け込むようになった。これらの物質が雨にとけると，硫酸や硝酸などの強い酸性の水溶液になるため，自然の雨よりも強い酸性を示す**酸性雨**となる。酸性雨は，人間をはじめとする生物に悪影響を及ぼす。

55 ＜大気汚染とオゾン＞

正解 ②

　光化学スモッグは，健康に影響を及ぼすことがある大気汚染の一種で，夏の日ざしが強くて風が弱い日に発生しやすい。工場や自動車の排気ガスなどに含まれる窒素酸化物が，日光に含まれる紫外線によって変質してオゾンが発生し，これが光化学スモッグの原因となる。

　日本上空には**偏西風**が吹いているため，オゾンなどの大気汚染物質には大陸から運ばれてくるものもある。中国やモンゴルの砂漠で発生する**黄砂**も，偏西風に乗って日本に運ばれてくる。

　なお，上空のオゾン層は，**成層圏**の高度 20〜30 km に分布している。成層圏では，高度とともに温度が上昇するが，これはオゾンが太陽からの紫外線を吸収し，大気が加熱されるからである。

　先カンブリア時代の太古代の海洋で光合成を始めた生物により産出された酸素は，海中の鉄イオンと結合して海底に蓄積し，縞状鉄鉱層を形成した。20億年前に，酸素は海中で飽和状態に達し，大気中へと放出されるようになった。大気中に放出された酸素は，上空でオゾン層を形成して地球全体を覆い，生物に有害な紫外線を吸収する，地球のバリアとなった。これにより，**古生代**に生物の陸上進出が可能になったと考えられている。

56 <火山活動と人間生活>

問1 　正解　④

Ⅰ　火山灰で覆われた台地は，水はけが良いので，水田には向かない。

Ⅱ　火山地帯には温泉が多く，地熱発電に利用できる場所も多い。

Ⅲ　火山周辺は国立公園になっているところが多く，観光資源になっている。

Ⅳ　火山灰の地層は，液体を保つのに適さないため，石油がたまることはない。

問2 　正解　①

①　図1より，最後の噴火が1700年代なので，1700年代の初めに噴火していれば，現在まで300年以上経過していることになる。

②　700年代から1000年代までには，14回噴火している。

③　図1からは，爆発規模はわからない。

④　図1は700年代以降の噴火回数の記録であるから，それ以前に噴火があったかどうかはわからない。

問3 　正解　①

粘性が小さい溶岩は，水と同様に土地の低いところに向かって流れるので，谷に沿って流れやすい（流れが地形の影響を受ける）。また，高温の火山ガスが，火山砕屑物をともなって山の斜面を流れ下る現象を**火砕流**という。ガスをともなうため，地表との摩擦が少なく，高速で流れ下る。

問4 　正解　⑤

①　火山灰が南東方向に流れているので，北西の風が吹いていたと考えられる。

②　降灰は火口の南東方向に限られており，それ以外の方向では降灰が認められない地域が多い。

③　降灰はA地点の風下（南東）方向に多く，南西方向では急に少なくなっている。

④　降灰量が5 kg/m² 以上の地域は，図から長さ約35 km，幅7 kmくらいで，その面積は300 km² を超えない。

⑤　降灰量が10 kg/m² 以上の地域は，火口から南東方向に25 kmくらいまで広がっている。

57 ＜二酸化炭素濃度の変化＞

正解 ⑤

上2つのグラフに見られる，1年ごとの二酸化炭素濃度の変動は，主に陸域の植物による光合成の影響が大きい。たとえば，日射量の多い季節には光合成が盛んになる（Ⅳは正）。

Ⅰは，図には南半球の高緯度地域のデータがないので判別できないが，南半球の南緯60°より高緯度では，南極大陸以外に陸地はほとんどなく，陸域の植物が少ないため，二酸化炭素濃度の季節変動の幅は小さいと考えられる（Ⅰは誤）。

Ⅱは，熱帯のブルネイ付近のグラフを参照しよう。熱帯付近では，光合成量の季節変動が小さいため，年間を通じて二酸化炭素の変動幅が小さい（Ⅱは正）。

Ⅲは，南太平洋の海洋で顕著な季節変動が見られないのは，陸域の植物がほとんどないからであり，海洋に二酸化炭素が吸収されて季節変動が見られないわけではない（Ⅲは誤）。

58 ＜地球環境＞

問1 **正解** ⑦

海面での総蒸発量は総降水量よりも多く，陸上では総降水量の方が総蒸発量よりも多い。地球の水の総量は一定に保たれているため，海面での総蒸発量と総降水量の差は，河川や地下水による陸から海への水の輸送量に等しい。

問2 **正解** ②

a〜dのいずれも書いてある内容は正しい。しかし，bは，雲により地面に届く太陽放射が少なくなったり，宇宙空間への地球放射が少なくなったりするためである。また，dは，成層圏に存在するオゾンが紫外線を吸収する（上空ほど多く吸収する）ためである。

問3 **正解** ④

①，③は，化石燃料（石油，石炭，天然ガス）の燃焼など，②は冷蔵庫やスプレー，工業用洗浄剤などに使われていたフロンが原因で，いずれも人間活動の影響である。④は，**エルニーニョ現象**という自然現象である。

問題は 166 〜 173 ページ

59 ＜断層＞

問1 **正解** ②

図2より，左(西)側の第四紀の段丘礫層の上に乗りあげたように新第三紀層がみられる。このように，新しい地層の上に古い地層が乗りあげる断層は**逆断層**である。そのほかの断層の種類は次のようになる。

正断層 　　 逆断層 　　 右横ずれ断層 　　 左横ずれ断層

なお，図2では川にかくれているが，左側の段丘礫層の下にも新第三紀層が存在する。

問2 **正解** ①

千屋断層と同じ種類の断層なので，川舟断層も逆断層である。また，断層の傾斜は千屋断層と反対方向であることから，これらの断層に挟まれた奥羽山脈は，次のように上昇する。

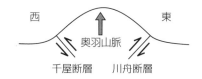

西 　　　　　　　　　　　　　　 東

奥羽山脈

千屋断層 　 川舟断層

問3 　正解　②

　このような2列の断層によって挟まれた岩盤が上昇する運動は，次のような円柱状の岩石を用いた実験からもわかる。

①円柱の両側から圧縮していく。

②円柱の中央付近が膨らむ。

③さらに力を加えると，膨らんだ部分が外に飛び出して岩石は破壊される。

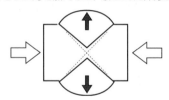

　上図の②で破壊の直前のひび割れの方向を見ると，逆断層と同じような構造が2方向にできているのがわかる。このモデルを奥羽山脈にあてはめると，2方向の逆断層で奥羽山脈が上昇したということは，東西方向の圧縮力が最も強く加わったことになる。

　なお，日本では，プレートの沈み込みに伴い，岩盤を押す水平方向の力が鉛直方向の力よりも強いため，逆断層が多く見られる。

60 ＜地層の読み取り，地球の歴史＞

問1 [正解] ①

ア～エの崖の概略は，次のようになる。

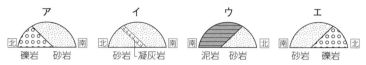

これらから，礫岩層→砂岩層→泥岩層の順序で堆積したことがわかる。

問2 [正解] ④

①～③はいずれも地層の上下の判定に利用できる堆積構造である。

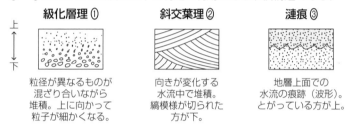

続成作用は堆積物がかたい堆積岩に変わる作用なので，地層の上下判定には関係しない。

問3 [正解] ④

トリゴニアは**中生代**に栄えた。選択肢の中で中生代に生息していたのは**アンモナイト**である。選択肢の生物の主な生息時期は次のようになる。

古生代	中生代	新生代
三葉虫（①）	**アンモナイト（④）**	ビカリア（②）
		カヘイ石（③）

問4　正解　②

　チャートは二酸化ケイ素が主成分の**放散虫の遺骸**などが深海底に降り積もってできたものである。

問5　正解　④

　酸素が乏しい海では，硫黄が海水中の鉄と結びついて黒い硫化鉄ができる。酸欠状態の海では生物の多くが死に絶えた（古生代末の大量絶滅）と考えられている。一方，海水に酸素が豊富にあると，酸素が海水中の鉄と結びついて赤い色の酸化鉄を作る。これらの鉄の化合物が沈殿して放散虫の遺骸と混ざりチャートを作る。図2の地層は，中生代の初めに酸素に乏しかった海が，三畳紀の途中に酸素が豊富な海へと回復した歴史を物語っている。

61 ＜気象＞

問1　正解　④

　④の**高気圧の中心では空気は下降している**。このため，高気圧の周辺では雲ができにくく，晴れの天気となる。

問2　正解　①

　空気はある一定量の水蒸気を含むことができるが，この量は温度が高いほど大きい。この関係は次のような飽和水蒸気圧（量）の曲線で表される。

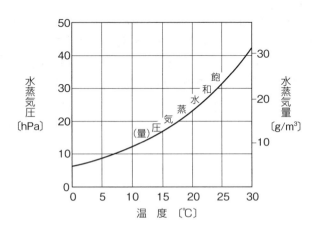

問題の下線部(b)にあるように「空気の温度が下がり，ある温度になると水滴ができ始める」のは温度が下がり**露点**に達したためで，この温度より下がると含むことができなくなった水蒸気が水滴として出てくる。このとき水蒸気（気体）は水滴（液体）に状態変化している。この変化を凝結（凝縮）といい，凝結するときに潜熱を放出する。

問3　正解　②

　実際に水蒸気から水滴ができるためには，水蒸気が飽和するだけでなく，凝結の核になるものが必要である。空気中のちりや細かい煙の粒子，空中に浮遊している細かい火山灰などが凝結するための核になる。

問4　正解　③

　ペットボトルの側面を押すと中の空気が圧縮され，放すと圧縮されていた空気が膨張する。このことは実際の自然界では以下のようなことに対応する。すなわち，地表付近にあった空気塊は気圧が高い中にあり，それが上昇すると周囲の気圧は低くなるため，その空気塊は膨張する。膨張するときにエネルギーを消費するため，その空気塊の温度が下がる。温度が下がり露点に達すると水蒸気が飽和し，水滴ができ始める（湿度は 100 % になる）。これが雲であり，実験の手順Vがこの段階に相当する。

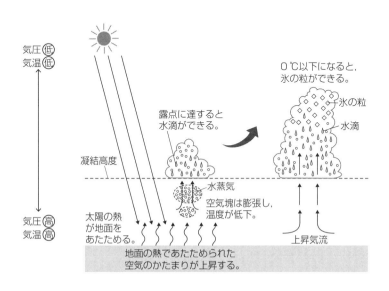